中华经典藏书

了凡四训

尚荣 徐敏 赵锐 译注

中華書局

图书在版编目(CIP)数据

了凡四训/尚荣,徐敏,赵锐译注. —北京:中华书局,2016.1(2025.3 重印)
(中华经典藏书)
ISBN 978-7-101-11353-2

Ⅰ.了… Ⅱ.①尚…②徐…③赵… Ⅲ.家庭道德-中国-明代 Ⅳ.B823.1

中国版本图书馆 CIP 数据核字(2015)第 264481 号

书　　名　了凡四训
译 注 者　尚荣　徐敏　赵锐
丛 书 名　中华经典藏书
责任编辑　张舣方
装帧设计　毛　淳
责任印制　陈丽娜
出版发行　中华书局
(北京市丰台区太平桥西里 38 号　100073)
http://www.zhbc.com.cn
E-mail:zhbc@zhbc.com.cn
印　　刷　河北博文科技印务有限公司
版　　次　2016 年 1 月第 1 版
2025 年 3 月第 16 次印刷
规　　格　开本/880×1230 毫米　1/32
印张 7¼　插页 2　字数 140 千字
印　　数　360001-390000 册
国际书号　ISBN 978-7-101-11353-2
定　　价　15.00 元

前言

明代袁了凡所著的《了凡四训》，是在社会上广泛流行的一本劝善书。该书一经问世，便受到人们的喜爱，成为人们修身立命的理论指导。该书主要阐述“命由我作，福自己求”的思想；讲述“趋吉避凶”的方法；强调命运掌握在自己手中，只要积善累德、谦恭卑下、感格上天，就能够求福得福，善报无尽。该书糅合了儒、道、佛三家的思想学说，运用因果报应、福善祸淫之理，阐明忠孝仁义、诸善奉行以及立身处世之学。通过对此书的阅读，我们可以对中国的传统文化有感性的认识，从而一窥儒、道、佛三家之学的梗概；同时也对我们个人品格的修养大有助益。

《了凡四训》，顾名思义，该书由四部分组成，分别是“立命之学”、“改过之法”、“积善之方”和“谦德之效”。四篇文章来自袁了凡不同的著作，其中“立命之学”是袁了凡晚年总结人生经验以训诫儿子的《立命篇》；“改过之法”和“积善之方”是他早年著作《祈嗣真诠》中的两篇“改过第一”和“积善第二（又名《科第全凭阴德》）”；“谦德之效”是他晚年所作的《谦虚利中》。四篇文章各自独立成文，而义理又一以贯之，强调命由我作、善恶报应之理。这四篇文章在组成此书之前，就已在社会上广泛传播，并被多部书籍收录。在清代初期的《丹桂籍》上，这四篇文章被称为《袁了凡先生四训》。随着在民间的流通，这些文章有被简化的倾向。

“立命之学”一文中，袁了凡根据自己的亲身经历和切身体验，现身说法，以论述“命由我作，福自己求”的思想。袁了凡首先叙述了自己的成长经历，童年弃文学医，因偶遇异人预言他能够通达仕途，于是重燃读书考取功名的想法，之后袁了凡的人生境遇与所测算的命运毫厘不差，由此他更加坚信命由天定，终日消极懈怠。后来机缘巧合，他拜访了云谷禅师，领悟了“命由我作，福自己求”的立命之学，乃知宿命论的错误，从此开始积功累德，自求福报，而且颇有灵验。

“改过之法”，主要论述在行善积德之前，须先端正自己的心念，将自身缺点一一改正。具体方法是要“见贤思齐”，以古之圣贤为榜样；敬畏天地鬼神，不起丝毫邪念；立定决心，勇于改过。其关键在于永存善心，只此一点，则邪念不生。

“积善之方”，列举大量事例，予以说明“积善余庆”的道理，对于何谓真善、至善作了充分的论述说明，并将善行分门别类一一展开论述，基本统摄了中国传统的伦理道德。

“谦德之效”，举“天道”为例，以说明“人道”抑满扶谦的道理。告诫世人要谦虚谨慎，恭敬卑下，虚己待人，并列举事例加以论证。进一步强调，“抬头三尺，决有神明，趋吉避凶，断然由我”的理论主旨。

作者袁了凡，生卒年不详，名表，后改名黄，字坤仪，又字仪甫，号原为学海，因拜访云谷禅师后，得以领悟“命由我作，福自己求”的立命之学，便立志多做善事，积功累德，以扭转自己的命运。从此袁了凡不愿再做一个受制于天命的凡夫俗子，因而改号为“了凡”。袁了凡是江苏吴江（今江苏苏州吴江区）人，又有资料称其为浙江嘉善（今浙江嘉兴嘉善）人。据日本学者酒井忠夫考证，袁家祖居嘉兴陶庄（明代并入嘉善县），元末时家境富足。明初，因燕王朱棣夺取皇位，发生“靖难之役”，袁家因与反对燕王的人有交往，而受到牵连被抄家。袁了凡曾祖的父亲幸免于被捕，开始四处奔走逃亡，后定居于江苏吴江。袁了凡的曾祖袁颢作了吴江县徐氏的女婿，并入了吴江籍，著有《袁氏家训》以训导袁氏后人。袁了凡在

《了凡四训》中，称与其一同参加会试的嘉善县书生为“同袍”，另据清人彭绍升所作的《袁了凡居士传》记载，袁了凡的先祖入赘到嘉善县，所以他得以补为嘉善县学生。

袁了凡博学多才，举凡天文、象数、水利、兵政、堪舆、星命等学无所不通。隆庆四年（1570），袁了凡中举人；万历十四年（1586），中进士，并被任命为宝坻知县。在任期间，袁了凡勤廉爱民，为民谋利，主持兴修水利，构筑堤防，防御水灾侵袭，鼓励百姓开荒耕种，并免除杂役，以利民生。七年后，袁了凡擢升为兵部职方司主事，掌天下舆图，以周知险要，官居正六品。当时适逢日本侵犯朝鲜，应朝鲜的请求，明王朝派兵前往，袁了凡被任命为“军前赞画”，负责辅助谋划，赞画戎机。当时是提督李如松掌握兵权，许以高官厚禄诱骗倭寇和谈，倭寇信以为真，没有防备，李如松于是发动突击，打败倭寇，攻下了平壤。袁了凡不认同李如松施诈的做法，也不满他手下士兵滥杀平民，于是义正辞严地当面指责李如松。李如松不听其言，随意调动军队，后来果然吃了败仗，为给自己开罪，他便捏造罪状，弹劾袁了凡，袁了凡也很快就在“拾遗”任内被罢免。罢官回家后，袁了凡更加诚恳地行善，直到七十四岁去世为止。明熹宗天启年间，他的冤情得以大白于天下，朝廷追叙他征讨倭寇的功绩，赠封“尚宝司少卿”的官衔。袁了凡家里并不富有，但却乐善好施，在家每天诵经持咒，学习禅观。袁了凡除著有《了凡四训》之外，尚有《历法新书》、《皇都水利》、《评注八代文宗》、《静坐要诀》、《祈嗣真诠》等著作。

作为一本劝善书，《了凡四训》在民间被广泛传阅。考虑到此书流通的广泛性，我们在评注此书时，以净空法师讲述的《了凡先生家庭四训讲记》中的原文为底本，并对原文进行了仔细的校对。为了便于大家的理解，本书分为原文、注释、点评三部分，并且彼此照应。段落的划分，我们遵循既要便于点评又要照顾文意叙述完整的原则，突出文章的层次感。本书的注释力求详尽，并做到有根有据。因为原文涉及很多传统文化名词概念，不易于读者的阅读和理解，所以我们在注释的过程中，尽量将相关的背景知识作一简明扼要的介绍。本书的点评部分，尽量照顾到文章的原意，对原文予以解读、评点和阐发，并结合历史典故，相互印证推演，这样可以加深理解，同时也能增加阅读的趣味性。其中不乏我们自己的一己之见，一并写出，与读者一道分享。限于个人学识，谬误之处，在所难免，还望方家和读者批评指正。

评注者

2015 年 10 月

目　录

第一篇 立命之学

余童年丧父，老母命弃举业学医[①]，谓可以养生[②]，可以济人[③]，且习一艺以成名，尔父夙心也[④]。

【注释】

①举业：为应科举考试而准备的学业，目的在于求取功名。科举考试是古代选拔官吏的制度。隋代设置进士科以试策取士。唐代沿用并增设秀才等十多种科目。因设立科目，以考试举士，故称科举。明、清时专指习八股文。

②养生：养活自己及家庭。这里的“生”指生活。

③济人：即以医术救济别人。

④夙心：平素的心愿。孟浩然《听郑五愔弹琴》：“予意在山水，闻之谐夙心。”

【译文】

我童年时期就失去了父亲，老母亲让我放弃科举考试的学业而去学医，说学医可以养活家庭，同时也可以用医术来救济别人，而且精通一门手艺并以此成名，也是父亲平素的心愿。

【点评】

《了凡四训》四篇是了凡先生对其子所说的话，即诫子家训，是长辈对晚辈的勉励和劝行之语。了凡先生起首便从自己的生平讲述，可谓“现身说法”。

了凡先生自称在其童年之时父亲就不幸去世了，只得与母亲相依为命，父亲的过早离世使家境陷入困顿。但家庭的不幸往往能造就古代贤人对命运的深刻思索。如孔子即是三岁丧父，十七岁丧母，命途坎坷；佛教禅宗的六祖慧能也是幼年丧父，家庭困苦。禅宗的宗经宝典《六祖坛经》中记载："此身不幸，父又早亡，老母孤遗，移来南海，艰辛贫乏，于市卖柴。"了凡先生的童年时期，为了维持生计，母亲要求他放弃考功名的举业，改学医术，这样既可以养家糊口，又可以悬壶济世，治病救人。古时读书之人始终是以步入仕途、兼济天下为人生最高旨趣的。《论语·子张》中"子夏曰：'仕而优则学，学而优则仕。'"可为明证。不过科举进仕并非易事，其路途可谓漫长而艰辛。《儒林外史》中，穷书生范进，二十岁开始应考，屡试不第，直到五十四岁才考中秀才。后世有人讥讽科举考试"赚得英雄尽白头"。从生存的角度考虑，学医不失为一个切实可行的办法。并且习得一技之长，技艺精湛而成为一代名医，这也是他父亲生前的夙愿。其实，治病救人与读书救国在古往今来的知识分子的心目中往往是有相通之处的。古有"不为良相，便为良医"之说。宋朝名相范仲淹的志向就是做宰相和医生，言唯有此二者能救人，后来果然位列朝班，却能居庙堂之高，虑江湖之远，"先天下之忧而忧，后天下之乐而乐"。近代知识分子、新文化运动的旗手鲁迅早年也是远渡东瀛、立志习医以救国民，后又弃医从文，投身到唤醒国人精神与灵魂的战斗中去。从疗治人的躯体和生命到心怀家国天下，这是中国历来知识分子们内在所具有的精神品格。

后余在慈云寺[1]，遇一老者，修髯伟貌[2]，飘飘若仙，余敬礼之。

【注释】

①寺：原为中国古代官署名。后佛教用以称僧众供佛和聚居修行的处所，在我国主要指佛寺。又称刹、丛林、禅林、禅院、兰若、招提、伽蓝、梵宇、梵宫、萧寺等。我国最早的佛寺是东汉明帝时，白马经西来，由鸿胪寺官署改建的洛阳白马寺。

②髯（rán）：两侧面颊腮部的胡子，也泛指胡子。古人有长髯、美髯、白发苍髯等说法，古人认为髯的多少及色泽好坏与血气盛衰有关。认为血气盛则髯美长，血少气多则髯短，气少血多则髯少，血气皆少则无髯。

【译文】

后来，我在慈云寺遇到一个老人，长须飘飘，相貌堂堂，就像神仙一样，我对他非常尊敬并以礼相待。

【点评】

了凡先生为什么会到寺院来，表面看似乎是偶然和巧合，其实古代的知识分子们大都喜欢流连于寺院。清幽的古刹往往是居住、读书的绝佳之境。宋代大诗人苏东坡曾有《宿蟠桃寺》诗云："板阁独眠惊旅枕，木鱼晓动随僧粥。"清晨四时许，寺院内便会打板催起进行早课，随后还有过堂吃饭。古代文人和僧人常有交往，诗歌唱和，书画过从。当然，也有不甚融洽的，如僧人嫌恶落魄文人寄居寺中，白吃白住，便故意等吃完饭再敲打过堂的云板，这在历史上也是有此趣闻典故的。

在人生的行进道路上，经常会遇到一些令人生发生转折和改变的人。了凡先生在慈云寺便碰见了这样一位老人。慈云寺隐喻着佛教的慈悲，《大智度论》卷二七称："大慈与一切众生乐，大悲拔一切众生苦。"给予欢乐叫"慈"；怜悯众生，拔除苦难叫"悲"。这是菩萨行的重要特征之一。老人长得相貌魁伟，仙风道骨，更有一捧长长的胡须。大凡异人必有异相，古代形容伟人往往把他们描述得魁伟奇异，孔子就很高大，《史记》上说，孔子成年后"长九尺六寸，人皆谓之长人而异之"；其相貌也很奇特，"生而首上圩顶，故因名曰丘云"。所谓的"圩顶"，据《史记索隐》的解释，就是"顶如反宇。反宇者，若屋宇之反，中低而四旁高也"。孔子的头顶是中间低而四边高，不可谓不奇。古人还以长髯为美，胡须可以说是男子仪表不俗的象征，道家仙人的模样往往就是鹤发童颜、长髯飘飘。如《汉书》称汉高祖刘邦"美须髯"，《三国志》也说关羽"美须髯"，诸葛亮曾直接以"髯"代称之。了凡先生见到此老者一派飘飘欲仙的模样，不敢怠慢，连忙行礼以示恭敬。

古代评论人往往数言便能传神，又不落实际。宋玉在《登徒子好色赋》中形容东邻之女的美貌时说："增之一分则太长，减之一分则太短；著粉则太白，施朱则太赤。"魏晋时的嵇康，时人谓之"若玉山之将倾"，《世说新语·赏誉》中赞时人王衍为"琼林玉树"，谓王恭"濯濯如春日柳"等。

语余曰："子仕路中人也[①]，明年即进学[②]，何不读书？"余告以故，并叩老者姓氏里居。曰："吾姓孔，云南人也。得邵子皇极数正传[③]，数该传汝。"余引之归，告母。母曰："善待之。"试其数，纤悉皆验[④]。余遂启读书之念，谋之表兄沈称，言："郁海谷先生，在沈友夫家开馆[⑤]，我送汝寄学甚便。"余遂礼郁为师。

【注释】

①仕路：指做官的途径。

②进学：科举时，童生参加岁试，被录取入府县学肄业，称为进学。进学的童生被称为秀才。

③邵子：即邵雍，字尧夫，谥康节。邵雍本是中国思想史上一位著名的易学家，他以《易传》为基础，以象数为中心，以易图为张本，创立先天易学，并在此基础上，用元、会、运、世等概念来推算天地的演化和历史的循环。邵雍在世时便以"遇事能前知"而名声在外，民间流传的"二雀争梅"与"邻人借斧"的故事，就是他即兴占卜而应验的佳话。邵雍的代表作有《皇极经世书》、《伊川击壤集》等。邵雍的思想蕴含着深刻的哲理，从某种意义上来说，可以视为宋明理学的先驱。但一般人往往只注意到他遇事先知的表象，将他尊为占卜预测学的鼻祖，而忽略了他作为一位思想家所取得的成就。皇极：或称《皇极经世书》，是集中了邵雍经天纬地

预测学的一部巨著，凡十二卷，其中《观物内篇》和《观物外篇》为最重要部分。据说内篇系邵氏自著，外篇系其子伯温和弟子所记。该书涵盖河洛数理，周易阴阳，天地物理，对人类进化加以推衍，创立了"元、会、运、世"一套有规律的预测方法。129600年为一元，为人类的一个发展周期，在"大算数"里仅一天而已。每元12会，各10800年。每会30运，各360年。每运12世，各30年。"元、会、运、世"各有卦象表示，每年亦有卦象表示其天文、地理、人事发展变化。邵雍认为只要洞其玄机，用其生化之理，天地万物之生命运程皆能了然于心，人类历史、朝代兴亡、世界分合、自然变化皆未卜先知。

④纤悉：细微详尽。孟郊《秋怀》："还如刻削形，免有纤悉聪。"

⑤开馆：开设学馆教授生徒。

【译文】

他对我说："你注定是仕途上的人啊，明年就可以参加岁试进入学校当秀才了，不知你现在为什么不读书呢？"我告诉他家庭的原因，并且询问老人的姓名和籍贯。他说："我姓孔，是云南人。得到了邵雍先生《皇极经世书》的正统传授，命中注定应该再传授给你。"我把他请到我家，并禀告了老母亲。母亲说："你要好好跟他学习。"我们多次试验他的占卜之术，事无大小都能应验。我才开始有了读书的念头，与表兄沈称商量，表兄说："郁海谷先生正在沈友夫家中开馆授徒，我送你到那里跟他们一起读书也很方便。”于是我便拜郁海谷先生为师了。

【点评】

老人告诉了凡先生，其仕途比较发达，命里官运亨通，并且明年就能考取秀才，对了凡先生拥有做官的命却不读书求取功名感到很奇怪。了凡先生如实相告，转述了母亲的意愿；同时，他恭敬地向老人询问尊姓大名以及来自何处。老人告诉了凡先生，自己本姓孔，乃云南人，已经得了邵雍皇极数术的真传，并且运数上正应该传授给了凡先生。

这里有必要简单介绍一下我国传统文化的一个重要组成部分——易学。从起源上看，《周易》的成书过程是“人更三圣（或四圣），世历三古”，即上古伏羲画八卦，中古周文王重为六十四卦，作卦辞，周公作爻辞，下古孔子作“十翼”以解经。《周易》本为占筮之书，这是无可争议的事实。但易学的内容却不仅仅限于占卜未来、预测吉凶。孔子做《易传》，站在人文的立场对《易经》所反映的巫术文化进行了创造性的转化，吸取先秦儒家、道家、阴阳家等学说的思想资料，建立了一个包括天道、地道、人道在内的广大的哲学思想体系。对于《周易》的预测功能，一般存在两种截然相反的态度：一种是无限夸大其有效性，认为一切皆在卦中，是不可改变的定数；另一种是全盘否定其合理性，斥为迷信荒诞。这两种态度都是建立在对易学的错误理解的基础上，均不足取。民国高僧太虚大师站在佛教的角度对《周易》曾有过“《周易》之道，贵迎其变而求其理，避其凶而趋其吉耳”的一番评价，这或许可以帮助我们正确认识和对待易学和易理。人生活在世间，在不能抉择事物之原的情况下，顺自然之节而求其条理、通其度数，以服务于人的实践活动，是正当的，但依然不得不在“自然”与“惑乱”面前处于被动的地位。佛法的出世间法则不然，它是“不以生化为美，不以能生能化为真”，而是“解其得生之天枢，析其成变之惑元”，从而达到“无生、知变”的境界，得到真正的自由。这也就是本文最终所得出的结论——“命自我立”。

了凡先生此时年仅十五岁，却有此奇遇，并非完全是机缘巧合，他能对陌生的老者礼敬有加，是很重要的因由，说明他谦逊知礼，诚心待人，具有很好的根器和气禀。了凡先生听了孔姓老人的一番言语后，将他延请至家中，向母亲做了禀报，母亲着他好好善待老人。其后，了凡先生试探了老人的术数，尽皆应验，分毫不差。于是便升起了读书的意念。家中只有寡母，只好找到表兄沈称与之商量。表兄思考之后对他说：知道有位名叫郁海谷的私塾先生正在沈友夫家授课教学，可以送了凡先生去那里跟随寄读。于是，了凡先生便拜郁海谷先生为师开始读书。

孔为余起数[①]：县考童生[②]，当十四名；府考七十一名[③]，提学考第九名[④]。明年赴考，三处名数皆合。复为卜终身休咎，言：某年考第几名[⑤]，某年当补廪[⑥]，某年当贡[⑦]，贡后某年，当选四川一大尹，在任三年半，即宜告归。五十三岁八月十四日丑时[8]，当终于正寝，惜无子。余备录而谨记之。

【注释】

①起数：占卜用语，通过象，即各种现实中已存在的事物的表征，根据既定的规则，换算为数，搭配成卦，进而通过分析卦变的各种可能性，来推断出事物发展的未来走向。

②县考童生：由知县主持的考试，试期多在二月。要参加科举考试取得功名的士子，先向本县礼房报名应试，须填写姓名、籍贯、年岁、三代履历，并取得本县廪生保结。考五场，各场分别试八股文、试帖诗、经论、律赋等。一般说，第一场录取后即有资格参加上一级的府试。县考，即县试。童生，明清时期，府、州、县学的应考者称为童生，或称儒童、文童。名称中虽则有"童"字，但是童生的年龄是大小不一的。只要未取得府、州、县学的生员资格，均称童生。

③府考：即府试。科举制度中由府一级进行的考试称府试。经县试录取的童生得以参加管辖该县的府（或直隶州、厅）的考试。试期多安排在四月，报名手续与县试略同。府试录取以后，即取得参加院试的资格。

④提学：学官名。宋崇宁二年（1103）在各路设提举学事司，管理所属州、县学校和教育行政，简称"提学"。每年视察各地学校，查考师生勤惰优劣。

历代沿制。金设提举学校司，元及明初为儒学提举司，都属同一性质。明正统元年（1436）改为提调学校司，设两京提学御史，由御史充任。各省设提督学道，以按察使、副使或佥事充任，称提学道。从此提学成为专管地方教育文化的最高行政长官。

⑤年考：又称“岁考”。明代提学官和清代学政，每年对所属府、州、县生员、廪生举行的考试。分别优劣，酌定赏罚。凡府、州、县的生员、增生、廪生皆须应岁考。

⑥补廪：明清科举制度，生员经岁、科两试成绩优秀者，增生可依次升廪生，称为“补廪”。

⑦当贡：科举制度从府、州、县生员（秀才）中选拔入京师国子监读书的学子。生员（秀才）一般是隶属于本府、州、县学，除应乡试中举人为“正途”之外，其余未中式者而考选升入京师国子监读书以谋求出身的，称为贡生，意思是以人才贡献给朝廷以备选用。

⑧丑时：夜里一点至三点。

【译文】

孔先生为我占了一卦，结果是：县考童生时，应当考中第十四名；府考时为第七十一名，提学主持的考试中为第九名。第二年我去参加考试，三处考试的名次都完全符合。孔先生又为我占卜一生的吉凶，他说：某某年考会中第几名，某某年应当升为廪生，某某年可以选拔进京师国子监读书成为贡生，入贡后某年，应当被选为四川某地的县官，在职三年半后，便应该告老辞官还乡。五十三岁那年的八月十四日的丑时，会在自己的床上逝世，可惜最后没有儿子。我把这些都完整地记录下来并牢牢记住。

【点评】

文中孔术士为了凡先生所做的预测，一般来说，应是运用出生时间的天干地支，也就是俗称的生辰八字，作为起数的依据。孔先生通过对了凡先生生辰八字所成之卦象的分析，将其一生的命运，主要是仕途发展的前景揭示出来，栩栩如生，历历在目。相比邵雍祖师的神占来说，只能算是雕虫小技，邵雍仅靠邻人五声叩门，就推算出他是来借斧头的。史料还记载邵雍病危时，宋明理学的代表人物程颢专门来看望他，问“从此永诀，更有见告乎？”邵雍摊开双手说道：“面前路径需令宽，路窄则无著身处，况能使人行也。”这对于为人处世及治学筹划都是极有启示意义的。在了凡先生看来，孔术士的术数是很了不起的，故而他要“备录而谨记之”。对预测之术的虔信与他后来改变自己命运的决心形成了鲜明的对比。

孔先生替了凡先生起数所推算的命运是：在第二年的县考中是第十四名，在其后的府考中是第七十一名，提学考则是第九名。了凡先生十六岁这年，果然考试考取了，并且名次与孔先生推算的完全一致。在这一年内的三次考试中，名次和结果也都一如孔先生所说，可谓毫厘不爽。这令了凡先生内心完全折服，遂请孔先生为他算定终生命运的吉凶祸福。于是孔先生告诉他，哪一年考试会考第几名，哪一年会补廪而成为廪生，廪生作为秀才的一个级别可以领取国家发给的米粮。哪一年可以当贡生，达到秀才的最高级别，获取入太学即国家大学读书的机会和资格。甚至告诉他，在他出贡后的某一年还会当上四川一个县的县长。任三年半后是告老还乡的最好时机，宜辞官退隐。在五十三岁的时候，是年八月十四日丑时离开人世，寿终正寝。还有一点就是命中无子。了凡先生将孔先生为他所推算的一生之流年休咎均备录在案。

自此以后，凡遇考校，其名数先后，皆不出孔公所悬定者[①]。独算余食廪米九十一石五斗当出贡[②]，及食米七十一石，屠宗师即批准补贡，余窃疑之。

【注释】

①悬定：预定、算定的意思。

②廪米：指官府按月发给在学生员的粮食。出贡：科举考试中屡试不第的贡生，可按资历依次到京，由吏部选任杂职小官。某年轮着，称为“出贡”。《警世通言·老门生三世报恩》：“（鲜于同）年年科举，岁岁观场，不能得朱衣点额，黄榜标名。到三十岁上，循资该出贡了。”

【译文】

从此以后，凡是遇到考试，每次考试所得名次，都与孔先生所算的一样。只有一件不同：孔先生算我为廪生时领取官府九十一石五斗廪米时就可以按资历到京出贡选职了，但我领取七十一石的时候，屠宗师便批准我可以出贡了，我暗中开始怀疑孔先生算命这件事了。

【点评】

儒家思想中有“知命”的思想,《论语》中孔子曾经受到当时一些隐者的讥讽，认为他“知其不可而为之”。这里，儒家思想是指每个人都有他应该做的，每个人所能够做的，就是一心一意尽力去做我们知道应该做的事，而不要计较成败，这就是儒家“知命”的思想。知命就是承认世界本来客观存在的必然性，不为外在成败而萦怀牵累，做到这一点，也就能“永不言败”，也就是儒家所谓的君子。“不知命，无以为君子”。

了凡先生这里则是流于宿命的思想，因为从此以后，凡是遇到考试，他的结果名次都如孔先生所事先算定的一样，不出所料。命运流转似乎已经毫无悬念。惟独在推论了凡先生做廪生领取到国家九十一石五斗粮食就能出贡这点上，第一次出现了差池。因为当了凡先生领到米粮七十一石时，就被当时掌管一省教育的姓屠的提学批准补贡，这一点似乎算得不甚准确。

后果为署印杨公所驳[①]，直至丁卯年[②]，殷秋溟宗师见余场中备卷[③]，叹曰：“五策[④]，即五篇奏议也，岂可使博洽淹贯之儒[⑤]，老于窗下乎！”遂依县申文准贡，连前食米计之，实九十一石五斗也。余因此益信进退有命，迟速有时，澹然无求矣[⑥]。

【注释】

①署印：代理官职。旧时官印最重要，同于官位，故名。这里指代理提学之职的杨姓官员。

②丁卯年：即1567年。

③殷秋溟：指殷迈（1512-1581），字时训，号秋溟，直隶南京（今属江苏）人。嘉靖二十年（1541）进士，授户部主事，历江西参政、南京太常寺卿。万历初年，升南京礼部右侍郎，管国子监祭酒事。

④策：古代考试的一种文体。提出问题，要求对答，称"策问"，回答问题说明见解，称"射策"、"对策"。

⑤博洽淹贯：这里形容知识广博、深通广晓。洽，指对理论了解得透彻。淹，指文义透彻。贯，指功夫一以贯之。

⑥澹（dàn）然：清心寡欲的样子。

【译文】

后来此事果然被代理提学的杨先生驳回，直到丁卯年，殷迈宗师看到我正式考试所作文字的备卷，赞叹说："这五篇策论，就是五篇给朝廷的奏议啊，怎么能让渊博而明理的儒者老死于窗下呢！"于是便依从屠宗师的申文而批准出贡，连同前边领取的米一起计算，恰好九十一石五斗。我因此更加相信一进一退，皆有天命，发达的快慢也都各有因缘，所以也就淡泊而无所求了。

【点评】

正当了凡先生疑虑猜度之时，其结果是屠宗师批准补贡的文件被杨姓代理提学给驳回了，一直到丁卯年，了凡先生三十三岁上，此时主持教育的殷秋溟在闲暇时不经意地翻阅到了凡先生的旧卷文，不由感慨系之：这五篇策论文章，写得如此之好，简直就是五篇朝堂上的奏议！怎么能让如此见闻广博、学识丰富而又有德行的人老于窗下，当一辈子穷秀才呢？中国古代有许多贤人苦读的事迹流传。《史记·孔子世家》载，“孔子晚而喜《易》，序《彖》、《系》、《象》、《说卦》、《文言》”，所以有“读《易》，韦编三绝”的事迹。古代的典籍都是书于竹简之上，而以皮绳穿之成册，孔子的勤于翻阅致使穿竹简的皮绳都断了多次。再如“囊萤映雪”、“悬梁刺股”等均为史上佳话。《晋书·车胤传》记载“胤……家贫不常得油，夏月则练囊盛数十萤火以照书。孙康家贫，常映雪读书”，说的是晋代车胤家贫，没钱买灯油，而又想晚上读书，便在夏天晚上抓一把萤火虫装到纱囊中来当灯读书；同是晋代的孙康，冬天夜里利用雪映出的光亮看书，后世以“囊萤映雪”喻指家境贫苦而能刻苦读书的人生态度。东汉著名的政治家孙敬“悬梁”读书，战国时期苏秦“刺股”勤学，这些都是发奋读书、刻苦学习的事例。宋代名臣范仲淹读书时，更是每天清晨煮一些粥，冷凝后划成四块，早晚各取二块充饥，只切几根咸菜佐之，这就是所谓的“划粥断齑”，艰苦卓绝，终成一代人杰。但是古代读书人最害怕的就是一辈子终老于窗下，年年朱笔点不到，岁岁名落“孙山”外，唯希望“十年窗下无人问，一举成名天下知”，从此尽享人间富贵。读书的旨趣发生了质的蜕变，包括封建统治阶层也正是利用这一点来利诱古代读书人的。宋真宗赵恒有

《劝学篇》:“当家不用买良田，书中自有千钟粟；安居不用架高堂，书中自有黄金屋；出门莫恨无人随，书中车马多如簇；娶妻莫恨无良媒，书中自有颜如玉；男儿若遂平生志，五经勤向窗前读。”我们说“今之学者为人，古之学者为已”。古代人读书是为了修身、齐家、治国、平天下，而这种以华堂美色、车马奴仆为诱饵，使得读书变得愈发功利了，反成为读书人的思想禁锢，失去了其原初的意义。

殷秋溟再次为了凡先生申请补贡，获得批准，又一次应验了孔先生的预言，确实在了凡先生廪米领到九十一石五斗时出贡了。这使了凡先生彻底地相信了命运有定数，不可强求。他这种宿命论的思想又不同于孔子的“知天命”，孔子说“富贵在天”，但重点还是强调“成事在人”，主张“知其不可而为之”，而了凡却从此了无妄念，与世无所争，与人无所求。人的一生，从呱呱坠地，就对未来充满希冀，无数的希望和可能都向我们的生命敞开，正是由于有未知才能使人有前行的动力，了凡先生在这短短的一刹那间，将生命的全程了知，不知是幸运抑或是不幸?

贡入燕都①，留京一年，终日静坐，不阅文字。己巳归②，游南雍③，未入监④，先访云谷会禅师于栖霞山中，对坐一室，凡三昼夜不瞑目。

【注释】

①燕都：指燕京。即今北京。燕都因古时为燕国都城而得名。战国七雄中有燕国，据说是因临近燕山而

得国名，其国都称为“燕都”。以后在一些古籍中多以“燕都”为北京的别称。

②己巳：指1569年。

③南雍：明代称设在南京的国子监。雍，辟雍，古之大学。

④入监：称进国子监读书为“入监”。国子监，中国古代最高学府和教育管理机构。晋武帝司马炎始设国子学，至隋炀帝时，改为国子监。唐、宋时期，国子监作为国家教育管理机构，统辖其下设的国子学、太学、四门学等，各学皆立博士，设祭酒一人负责管理。明清两代，国子监兼有国家教育管理机构和最高学府的双重性质。明代国子监规模宏大，分南、北两监，各设在南京与北京。南监建于明太祖洪武十五年（1382），规模尤盛。

【译文】

以出贡的机缘而进入北京，在京师一年，我却整天静坐，不看文字。己巳年回来，进入南京的国子监，在还没有入监读书前，我先去栖霞山拜访了云谷禅师，与他在一间禅室中相对而坐，三天三夜不合眼。

【点评】

了凡先生补贡后即成为被选拔入京师国子监读书的学子，于是他到北京停留了一年。这一年里他终日静坐，无所事事。静坐实则是儒、释、道三家共有的修养方法，儒家有所谓“主静”，有“半日读书，半日静坐”；道家有“心斋”、“坐忘”；佛家更讲禅定，“戒、定、慧”乃“三学”

之一。唐代兴起的禅宗，北宗禅和南宗禅对待禅定有着不同的态度，北宗禅神秀一系强调坐的功夫。《六祖坛经》上记载着这样的趣事，神秀曾派弟子志诚来南方六祖处偷听法门，结果被慧能发现，反而问询志诚北宗的教法。志诚言道："常指诲大众，住心观静，长坐不卧。"慧能则斥之道："住心观静，是病非禅。长坐拘身，于理何益？"并作偈一首："生来坐不卧，死去卧不坐；一具臭骨头，何为立功课？"在慧能看来，佛法功夫，在于觉与不觉、悟和不悟的区别，前念迷误则是凡夫，后念悟道就成佛陀。表明了南宗禅反对不了心性、只能修身静坐的渐修途径，提倡直了心性、明彻本源的顿悟之道。

了凡先生不仅终日静坐，而且不阅文字，即是不思进取，丧失了求知的欲望。因为既然一切皆是命定的，那么人为地去求知和作为也都是徒劳和枉然的。此时了凡先生已深深陷入了为命运所拘的无可奈何之中。

一年之后，即隆庆三年（1569），了凡先生回到南京入当时的高等学府国子监读书。南京乃"六朝佳丽地，金陵帝王州"，是东南形胜，亦是人文荟萃的文化中心。了凡先生此时对于读书进取已经丝毫不起心动念，他更关注的是人生观如何为继的问题，所以他到南京后先行去拜望了当时的佛门高僧云谷禅师。之前与孔先生是偶遇，而此次见云谷禅师则是专访，冥冥中还是与佛有缘，其实是人具备了怎样的气禀就会遇到什么样的人和事。

云谷乃禅师的号，其法名为"法会"，明代憨山德清曾经撰有《云谷大师传》。大师早有异志，十九岁便开始行脚参方，遍访名师问道，于道济禅师处受教，修习天台小止观法门。道济禅师指点他：“止观之要，不依身心气息，内外脱然。子之所修，流于下乘，岂西来的意耶？学道必以悟心为主。”说的是不必拘于禅定，而应终于心悟。云谷禅师也曾一度执迷于道济禅师的教化之语，日夜参究，废寝忘食。一天吃饭时连自己吃完了也不知道，一不留神碗掉在地上，当下顿悟，一切放下，放下执着、放下量、放下分别、放下言语，回归本心自性了。

云谷大师所住栖霞山，古称摄山，因山上多珍贵草药，有利于人摄之养生，故而得名。梁朝时武帝曾于栖霞山开凿千佛岭，后来日渐荒废。云谷大师爱其环境幽深，入山修行。后来云谷禅师名声不胫而走，声震金陵。在当地名流和官员们的助益下，栖霞道场得以恢复。以后的栖霞寺也成为东南古刹，名动一方。

云谷大师此时却隐居于栖霞山深处一个叫“天开岩”的地方，一如既往地清修，对待大众往往以参话头来接引，遇到前来拜访者，往往丢一蒲团请其参“父母未生前本来面目”。这种公案在后期禅宗留存的大量语录中屡见不鲜。如问的最多的有“何为佛祖西来意”、“所传之法为何”等。就如同学生追问老师什么是唯一正确的标准答案，其实是拘泥于答案本身。《金刚经》正是教人要扫相破执，《六祖坛经》中南宗禅的思想也是要明心见性。作为一种思维方法，禅宗哲学是引导人去全面整体地把握事物的本质，而非停留于表面。所以佛家让人要无分别心，不起心动念分别，直视事物本来面目。将生命回归到“父母未生前”的湛然空寂，老子《道德经》中也有相类似的思想存在。

了凡先生去参访云谷禅师，由于心如死灰，了无生趣，所以他与云谷禅师一间房间里相对而坐，接连三天三夜都没有合眼，也未曾说过一句话，颇似禅家所说的“不倒单”，仿佛有着高深的道行。

了凡先生之以在燕都能终日静坐，此时又能三昼夜不合眼，可以推论他于静坐上是修学有年的，加之在认识云谷禅师之后，又精研天台禅定之学，以至后来总结自己的心得著成《静坐要诀》一书。该书分为《辨志篇第一》、《豫行篇第二》、《修证篇第三》、《调息篇第四》、《遣欲篇第五》和《广爱篇第六》。《辨志篇第一》中说要学静坐，先要认清自己的动机：如果是为名闻利养，那就种下地狱的因；为聪明胜人，那就种阿修罗的因；为畏苦报，那就种人天的因；为疾得涅，那就种小乘的因。所以最好是为了普度众生而静坐。《豫行篇第二》中说要使静坐达到各种禅定成就，首先是要能持戒，使身心清净，罪业消除，如果只因自感恶业深重而自暴自弃，则可以从观心入手，了解此心毕竟空寂，一切诸罪，根本性空。可以发起大悲心，代一切众生忏悔无量无边重罪，还可以从《华严经》的观点求身心不可得，则戒亦不可得而不住于戒。《修证篇第三》除了介绍一般静坐要领外，提到静中种种奇特光景都要识破。《调息篇第四》简明扼要地描述了修行的次第。《遣欲篇第五》介绍了不净观。《广爱篇第六》则绍述了四无量心，即慈悲喜舍（一为慈无量心，即能与乐之心。二是悲无量心，能拔苦之心。三喜无量心，见人离苦得乐生庆悦之心。四舍无量心，如上述三心舍之而心不存着）。此四心普缘无量众生，引无量之福，故名无量心。

云谷问曰："凡人所以不得作圣者①，只为妄念相缠耳②。汝坐三日，不见起一妄念，何也？"

【注释】

①圣者：圣人。《中庸·素隐章》："君子依乎中庸，遁世不见，知而不悔，唯圣者能之。"意思是，君子始终依靠中庸之道，即使避开人世，不为人所知，也一点不懊悔，这只有圣人才能做得到。

②妄念：虚妄的意念。佛教意为凡夫贪着六尘境界的心。

【译文】

云谷禅师问我说："普通人之所以不能成为圣贤之人，都只因有过分的贪念纠缠。你坐了三天，却没有起一丝贪念，这是什么缘故呢？"

【点评】

云谷禅师对此颇为惊异，认为了凡先生悟性极高，定力非凡。于是便问道："凡夫俗子们之所以不能成佛称圣，就是因为妄想、了别、执着等念头纠缠于心，无法止定，而你在这里整整静坐了三天三夜，不见你起心动念，这是什么原因呢？"所以佛陀可以是圣人，圣人即是对宇宙人生的真相以及事物的因果道理通达明了的人。佛教称释迦牟尼为"觉者"，就是觉悟了的人，佛陀觉悟了万法无自性，从缘而起。觉悟了生死轮转不息，截断生死之流，而实无生灭。佛陀是以智慧得解脱的觉悟了的人，是人而非神。凡夫对于宇宙人生是迷误的，佛教提倡觉悟人生、智慧了脱。儒家也强调内圣外王，但儒家也不轻言称圣。孔子就很谦逊，他的弟子子贡在他生前称赞他是“固天纵之将圣”（《论语·子罕》），说上天注定要孔子成为圣人，孔子却否认这种说法。孔子罕言圣，也轻易不称人以仁，《论语·公冶长》中孟武伯问孔子，子路、冉求、公西赤有没有仁德。孔子说仲由可以负责兵役和军政工作，但至于他有没有仁德不知道，“由也，千乘之国，可使其治其赋也，不知其仁也”；冉求可以做千户人口的县长、百辆兵车大夫的总管，但有没有仁德不晓得，“求也，千室之邑，百乘之家，可使为之宰也，不知其仁也”；公西赤可以穿着礼服立于朝廷之上接待外宾，办理交涉，至于他有没有仁德也不晓得，“赤也，束带立于朝，可使与宾客言也，不知其仁也”。可见孔子对其弟子一一加以褒扬和点评之后，对于是否可以称仁这一点还是谨慎和缄默的。因为成为圣人是要对内心进行修炼的事情，绝非外在技能或技艺达到多高超的水准的问题。

佛教认为妄念即是虚妄不实的心念，亦即无明或迷妄之执念。此系因凡夫心生迷误，不知一切法的真实之义，内心时时刻刻遍计构画、颠倒妄想，产生迷误虚妄情境，生出错误思考和心念。据《大乘起信论》载，此妄念能搅动平等之真如海，而现出万象差别之波浪，若能远离，则得入觉悟之境界。所以说妄念是我们心中不断升起和牵扯的念头。念念不断、烦恼无尽。如果能追溯到烦恼妄念产生的源头，我们定会会心而笑，因为原本是空无一物，庸人自扰之。

余曰："吾为孔先生算定，荣辱生死，皆有定数[1]，即要妄想[2]，亦无可妄想。"云谷笑曰："我待汝是豪杰，原来只是凡夫[3]。"

【注释】

①定数：一定的气数、命运。谓人生世事的吉凶祸福皆由天命或某种不可知的力量所决定。南朝梁刘孝标《辩命论》："宁前愚而后智，先非而终是？将荣悴有定数，天命有至极而谬生妍媸？"

②妄想：不切实际的打算。

③凡夫：佛教认为，迷惑事理和流转生死的平常人为"凡夫"。

【译文】

我说："我被孔先生算定了一生，生与死、得意与失意，都各有天定，即使想要妄想，也没有什么可以妄想的。"云谷禅师说："我把你当作豪杰来对待，你原来却只不过是凡夫俗子。"

【点评】

了凡先生说，自己的命运已经被孔先生所推算论定，一生的得意和失落乃至生死大事，都有了定数，且二十年来没有丝毫差错，起心动念岂非枉然。生死问题历来是世人思索的问题。《六祖坛经》中五祖弘忍曾经谓其门人“世人生死事大”，并让他们运用般若智慧观照自我本性，作偈了脱生死，并有了神秀的“身是菩提树，心如明镜台；时时勤拂拭，莫使惹尘埃”，以及慧能的“菩提本无树，明镜亦非台；本来无一物，何处惹尘埃”的两首名偈。一旦连生死都已算定，那生命也就失去了很多意味。了凡先生已经被算定在五十三岁时终了此生，一生平平淡淡、没有过失，为命所缚，不得半点自在，实在是一个不折不扣的凡夫。

因为了凡先生能三天三夜不动妄念，云谷禅师以为他是智慧了脱了的，所以云谷禅师笑道：“我原本将你认定为豪杰丈夫，却没想到原来是个凡夫俗子。”佛教中的丈夫指勇进正道修行不退者。人中之最胜者为丈夫。佛身所具之三十二相，即称大丈夫相，或大人相。佛乃人中之雄，故亦称大丈夫。“调御丈夫”即是佛的十号之一，意指可化导一切丈夫的调御师。调御一切可度之丈夫，使他们发心修道。凡夫则是没有悟道的人，《六祖坛经》中说：“前念迷即凡夫，后念悟即佛。”这就是说是凡夫还是做佛、做豪杰丈夫，都在一念之间，即看是否能明心见性，顿悟成佛。所以凡夫也能成为豪杰，豪杰也会沦为凡夫。《六祖坛经》中说：“下下人有上上智，上上人有没意智。若轻人，则有无边无量罪。”六祖慧能初见五祖弘忍时，身穿少数民族的衣服、目不识丁，被人目为“獠”，但恰恰是这样的一个还未出家，且在马棚舂米的人却从众多弟子中脱颖而出，在见地上胜出当时的上座师神秀，最终继承衣钵，成为六祖，弘化一方。

问其故？曰："人未能无心[1]，终为阴阳所缚，安得无数？但惟凡人有数；极善之人，数固拘他不定；极恶之人，数亦拘他不定。汝二十年来，被他算定，不曾转动一毫，岂非是凡夫？"

【注释】

①心：这个"心"是妄想心。佛教所说的"妄想心"与"妄念"、"妄执"等同义。"谬执不真，名之为妄。妄心取相，目之为想"。

【译文】

我问他原因，他说："人都不可能没有妄想之心，于是终究被天地所束缚，那怎么能没有定数呢？但是只是凡人有定数；最好的人，定数本来无法拘束他；非常坏的人，定数也仍然拘束不住他。你二十年来的生活，都被孔先生算定，没有一丝一毫的更动，岂不是一个凡夫俗子！"

【点评】

对于云谷禅师的讥笑，了凡先生忙问其故。云谷禅师说：人不能没有妄想心，人无法避免自己起心动念，即以虚妄颠倒之心去分别诸法之相。由于心的执着而无法如实知见事物，产生谬误的分别。《楞伽经》中说："妄想自缠，如蚕作茧。"又说："一切众生，从无始来，生死相续，皆由不知常住真心性净明体。用诸妄想，此想不真，故有轮转。"人心念的妄想实在是作茧自缚，辗转生成无量无边烦恼，反而使得原本清净的心性陷入命运的流转，为命运所拘。怎样才能使得自己不囿于定数？其实只有平凡庸碌的人才会被生命定数拘束住而无法超越。没有妄念的人堪称英雄豪杰，他们是能超越命运的。正如佛教中的六道轮回：即地狱、畜生、饿鬼、人、天、阿修罗等，有善恶等级之别。众生由其未尽之业，故于六道中受无穷流转生死轮回之苦，称为六道轮回。而佛陀是智慧解脱，跳出六道轮回的。

云谷禅师接着说：极善的人，福德随其行善而日渐增长，所以他的命运就不是定数；极恶的人，其原本可能有的福德反而随着他的造恶而日趋折损，所以他的命运也不能被算定，这一切都要看他们的造业。而了凡先生自从被孔先生算定命数以后，二十年来完全没有做任何努力而为命运所拘，不曾转动命运丝毫，实为命数所转。说到这个"转"字，《六祖坛经》中有一段记载可以给我们的人生态度和思维方式提供一些启迪，说唐代有位僧人名号法达，七岁出家，常常念诵《法华经》，已经念诵《法华经》三千部。于是便来参访六祖慧能，态度十分傲慢和自负，而慧能大师却一语点破他，说他是"心迷法华转，心悟转法华"。法达顿然悔悟，感激悲泣，知道自己从过去到现在实在是没有转动《法华经》，而是被《法华经》转动了，诵经陷入了执着的心念，行为流于事物的表相。这就是有名的"诵经三千部，曹溪一句亡"。只有口诵经文而心能行其义，才能够转得经文，如果口诵经文而心不能行其义，其实是被经文所转。了凡先生为命数所拘，心不能转物，不能有丝毫动弹，所以云谷禅师说他是个标准的凡夫。《孟子·尽心上》也说："行之而不著焉，习矣而不察焉，终身由之而不知其道者，众也。"整日里如此作为却不知其所以，习惯了也不知道为什么会这样，一生都从这条大路上走过去，却不了解人生之道，这样的人是一般的人。在还未遇到云谷禅师之前，了凡先生就是这样的人，虽然知道了自己的命运走向，却不知所以然。

余问曰："然则数可逃乎？"曰："命由我作，福自己求。诗书所称，的为明训。我教典中说[①]：求富贵得富贵，求男女得男女，求长寿得长寿。夫妄语乃释迦大戒[②]，诸佛菩萨，岂诳语欺人？"

【注释】

①教典：佛教的经典。

②妄语：佛教所说的十恶之一。就是以欺他之意，作不实之言。

【译文】

我问他："这样说来，定数是可以逃避的吗？"他说："一个人的命运其实是由我们自己设定的，福也要向自己来求。这是诗书中所说的，确实是明理的训诫。我们佛教经典中说：求取富贵的就能得到富贵，求取男女后代的也一定能得到后代，求长寿的人也能得到长寿。说谎是佛家的大戒，佛祖与菩萨怎么可能用谎话骗人？"

【点评】

了凡先生听了这番话以后，向云谷禅师请教："人难道可以逃脱命运的安排吗？"云谷禅师告诉他：命运是由我们自己造作的，与别人不相关；福报是要自己去求来的。《诗经·大雅·文王》中有："无念尔祖，聿修厥德。永言配命，自求多福。"说的是我们应当牢记祖先而不要遗忘，努力进德修业。配合天命，自己多多追求福气。所谓"命由我作"是要求人要通达明了，知道人一生的甘苦顺逆，怨天尤人是徒劳无益的，要躬身反省，是否自己造作不善，只有明白了这个道理，才能在此基础之上改过从善，这就是古圣先贤著述中所说的"福自己求"，我们应当去仔细体会和玩味。这确实是古之明训，虽然完全肯定和了解命运，但命运是可以改变和改造的。求富贵可以得到富贵，求生男生女、求长寿延年都可以得到。这似乎是说佛教是"有求必应"，这样理解则又陷入了迷信和功利主义，应该说我们要相信通过弃恶向善、修炼自我、广种福田，一定会有所回报，得到你的愿望。佛经《大佛顶首楞严经观世音菩萨圆通章》中有"我得佛心，证于究竟，能以珍宝，种种供养，十方如来，傍及法界，六道众生，求妻得妻，求子得子，求三昧得三昧，求长寿得长寿，如是乃至，求大涅槃，得大涅槃。"佛教不会欺骗众生，佛家的大戒就是反对以妄语来欺诳他人。《金刚经》中有："须菩提，如来是真语者、实语者、如语者、不诳语者、不异语者。"佛说法是真实的，不说假话，说的是老实话，实实在在，是什么样子就说什么样子。不诳语，是不打诳语；不异语，是没有说过两样的话。

佛家有“戒、定、慧”三学，广义而言，凡善恶习惯皆可称之为戒，如好习惯称善戒（又作善律仪），坏习惯称恶戒（又作恶律仪），有防非止恶的功用。在家男女所受持之五种制戒，即：杀生、偷盗、邪淫、妄语、饮酒。所谓妄语即欺诳他人，作不实之言，包括两舌、恶口、妄言、绮语等。《大乘义章》卷七曰：“言不当实，故称为妄。妄有所谈，故名妄语。”五戒、十戒中都有妄语戒，可见佛家对妄语行为的严禁。妄语戒本身也有大小之分，不得圣道而自言得圣道乃是大妄语者，小妄语者则是说其他一切不实的言语。

余进曰：“孟子言：求则得之[①]。是求在我者也。道德仁义可以力求；功名富贵，如何求得？”云谷曰：“孟子之言不错，汝自错解耳。汝不见六祖说[②]：一切福田[③]，不离方寸[④]；从心而觅，感无不通。求在我，不独得道德仁义，亦得功名富贵；内外双得，是求有益于得也。

【注释】

①求则得之：语出《孟子·尽心上》：“求则得之，舍则失之。”意思是，仁、义、礼、智，并不是从外面来历练我的，而是我自己本来就有的，只是不去想罢了，所以说，推求就能得到它，舍弃就会失掉它。

②六祖：指禅宗的六祖惠能（638—713），俗姓卢氏，唐代岭南新州（今广东新兴）人。得黄梅五祖弘忍传授衣钵，继承东山法门，为禅宗第六祖，世称禅宗六祖。唐中宗追谥为大鉴禅师。著有《坛经》。

③福田：佛教以为供养布施，行善修德，能受福报，犹如播种田亩，有秋收之利，故称。

④方寸：指“心”。

【译文】

我进一步说：“孟子说：求取的就能得到。这是说求取那些可以由我做主的东西。所以道德与仁义可以努力求取；但功名富贵怎么求取呢？”云谷禅师说：“孟子的话并没有错，但你自己理解错了。你没听见六祖惠能说吗，一切行善修德的福田，都离不开自己的方寸之心；如果从自己的心去寻觅，所有的感官没有不相通的。求取由我做主的东西，却不只是得到了道德与仁义，也可以得到功名与富贵；内在的修养和外在的价值都能兼而得之，这样的求，是有益于获得的探求。

【点评】

了凡先生引用孟子的话进一步追问云谷禅师，《孟子·尽心上》中说：“求则得之，舍则失之，是求有益于得也，求在我者也。求之有道，得之有命，是求无益于得也，求在外者也。”说的是追求就能获得，放弃就会失去，这是一种有益于获得的积极探求方式，因为所探求的对象存在于自身之内，而探求虽然有一定的方式，得到与否却一味屈从于命运，这是一种无益于获得的探求，这是因为所探求的对象是存在于我们自身之外的。我们可以看出这是儒家思孟学派的重要修行方式，求则得之，舍则失之，求有益于得也。了凡先生认为道德仁义可以努力求之，功名富贵乃是身外之物，又怎么去求呢？他认为孟子说的这一点只适用于道德修养层面，而无法给人生以指导。

云谷禅师说：孟老夫子的言论本没有错，只是你自己理解错了。六祖慧能大师曾说“一切福田，不离方寸”。这个“方寸”即是指我们的当下现实之心。禅宗之所以成为中国隋唐以后影响最大、最具中国特色的佛家宗派，就是在于六祖慧能将原始佛教中真如、佛性如来、如来藏、中道实相等抽象的本体变为中国人比较容易接受和理解的心性，将传统佛教中作为本体的“真心”变为众生当前现实之心。这一改变具有革命性的意义，称为“六祖革命”。《六祖坛经·行由品》中提到六祖慧能说“自心是佛，外无一物而能建立”，“菩提只向心觅，何劳向外求玄”？还说“自心常生智慧，不离自性，即是福田”。福田即是能生福德之田，凡敬侍佛、僧、父母、悲苦者，即可得福田，这好比农人耕田，春种秋收，行善修慧就如同下种于田，能获福慧之报。慧能说自己心中常生智慧，这些智慧不离自性，就是福田。向内心寻觅，就没有什么不能通晓顺应的，向内心探求，内在的修养和外在的价值都能兼而得之，这样的求，是正确的探求，是有益于获得的探求。求道德仁义如此，求功名富贵如此，求学问也是如此。“读书多节慨，养气在吟哦”，我们读书为学也不是为了他人或为了世俗功利，最本质和关键的还是提升自我修养，助益道德人生，以此利益社会众生。

“若不反躬内省[1]，而徒向外驰求，则求之有道，而得之有命矣，内外双失，故无益。”

因问：“孔公算汝终身若何？”余以实告。云谷曰：“汝自揣应得科第否？应生子否？”余追省良久，曰：“不应也。科第中人，有福相，余福薄，又不能积功累行[2]，以基厚福；兼不耐烦剧[3]，不能容人；时或以才智盖人，直心直行，轻言妄谈。凡此皆薄福之相也，岂宜科第哉。

【注释】

①内省：内心自我省察，自我反省。《论语·颜渊》：“内省不疚，夫何忧何惧。”《论语·里仁》：“见贤思齐焉，见不贤而内自省也。”

②积功累行：长期行善，积累功德。

③烦剧：纷繁杂碎。

【译文】

“如果不对自己进行反省，却徒然向外部世界去求索，那样的话，求取就有一定的道，而得也便有定命，内在的修养与外在的价值都失去了，因此这种求取是无益的。”

于是问我：“孔先生给你算的一生是什么样的？”我实话告诉了他。云谷禅师说：“你自己觉得你应该得到科考功名吗？应该有儿子吗？”我自己反省了很长时间，说：“这些都不应该得到啊。经过科举而得到功名的人，都有福相，但我却福薄，又不能修行积德，来培植更厚的福报；加上不能忍受复杂的事，不能宽容别人；有时还因为自己的才智胜过别人，从而想到什么就做什么，说话随意不加考虑。这些都是福薄的表相，怎么能有科举的功名呢！

【点评】

不论是求内在的德行，还是求外在的资生之具，我们都要反躬内省去探求，人需要经常的反省，只有反省才能进步，才能充实自己的德行，而不是向外攀缘，向外求驰。《道德经》第十二章说："五色令人目盲；五音令人耳聋；五味令人口爽；驰骋畋猎令人心发狂；难得之货令人行妨。是以圣人为腹不为目，故去彼取此。"纵横世间，只是为了贪图一时的畅快，在追求中迷失，使自己的清净本心因为过分的激动而狂乱。这样就不能向内探求，从而认识自我，而是被外力牵扯，心为形役。这样的寻求是迷失方向的，一旦求之不得，会认为"求之有道，而得之有命"，陷入悲观绝望，只会内外双失，了无益处。

云谷禅师又问孔先生为了凡先生所算的一生流年。了凡先生据实相告，如哪一年得科第，命中算定无子等。云谷禅师反问道：你自己扪心自问，你是否应该得科第？你是否应该有儿子？了凡先生开始内省和反思，良久之后，说：实在是不应该能中科举的人。中科举的人都有福相，而自己却十分福薄，又不能够积累功德善行，使自己的福德的根基更加牢厚，加之又不愿意做过于繁琐的事情，不能包容别人，心胸狭窄。又经常凭借自己的聪明才智处处压人、鲁莽任性地轻易乱说，且语言刻薄，这些都是福德浅薄的表现。如此这般怎么能适合考取功名呢？

“地之秽者多生物，水之清者常无鱼；余好洁，宜无子者一；和气能育万物，余善怒，宜无子者二；爱为生生之本①，忍为不育之根；余矜惜名节②，常不能舍己救人，宜无子者三；多言耗气，宜无子者四；喜饮铄精，宜无子者五；好彻夜长坐，而不知葆元毓神③，宜无子者六。其余过恶尚多，不能悉数。”

【注释】

①生生：指事物的不断产生、变化。《易·系辞上》：“生生之谓易。”王弼注：“阴阳转易以成化生。”孔颖达疏：“生生，不绝之辞，阴阳变转后生次于前生，是万物恒生谓之易。”戴震对“生生”作了新的阐述：“生生者化之原”，物种各自“生生”，是“化之流”，并指出万物再生规律“生则有息，息则有生，天地之所以成化也”。

②矜（jīn）惜：怜惜。

③葆元毓（yù）神：保养元气，养育心神。葆，保持。毓，养育。

【译文】

“土地中越脏的地方越能生长万物，清澈的水中却常常没有鱼；我喜欢干净，这是不应该有儿子的第一个原因；和气能培育万物，我却容易发怒，这是不应该有儿子的第二个原因；对万物的爱是世界生生不息的根本，残忍是不能化育的根由，我却因为爱惜名声与节操，所以常常不能舍己救人，这是不应该有儿子的第三个原因；说话多会耗费气，这是不应该有儿子的第四个原因；喜欢喝酒从而消损精气，这是不应该有儿子的第五个原因；喜欢整夜长坐，而不知道保养元气，养育心神，这是不应该有儿子的第六个原因。其余的过失与恶行还有很多，无法详细地指出来。”

【点评】

大地虽然脏乱，但它的沃土却能生长作物。宋代周敦颐有《爱莲说》一文：“予独爱莲之出淤泥而不染，濯清涟而不妖，中通外直，不蔓不枝，香远益清，亭亭净植，可远观而不可亵玩焉。”莲花可喻君子，其可贵之处正是在于虽扎根于淤泥之中，却开出如此洁净的花。新文化运动和五四运动的一批知识分子，他们大都是出身于封建旧家庭，受传统文化浸润很深，对旧学问素有研究，也作出了不少贡献。如鲁迅对于小说史的研究，对于魏晋文章的情有独钟，但他们否定旧文化的态度之坚决，却又难以令人联想到他们传统文化底蕴的深厚。他们如同出淤泥的莲花，其根却是来自于脚下的泥土。

班固《汉书·东方朔传》中说：“水至清则无鱼，人至察则无徒。”水太清净了，就没有鱼能够生存；人过于苛察，对别人求全责备，就不会有朋友和追随者。了凡先生过于喜好洁净，这可以说是没有儿子的第一个原因。

家和万事兴，上下和睦，国家也能长盛不衰，所以说和气非常重要，而了凡先生却特别爱发脾气，这应该是没有儿子的第二个原因。孔子最喜欢颜回，因为他有一个非常好的优点，就是“不迁怒，不贰过”。不拿别人出气，也不再犯同样的错误。见这是很好的美德。许多人对自己的过失并不引起注意，甚至习以为常，若能像颜回那样该多好啊！

慈爱是生生之本，而了凡先生却缺乏爱心。还爱惜名节，不能舍己救人，这也是他没有儿子的原因之一。他很爱说话和发牢骚，更喜欢挖苦讽刺别人，常常在公众场合给人难堪，让人下不来台，这种不积口德、造口业，也是没有儿子的原因之一。

了凡先生还嗜好喝酒，酗酒会伤害自己的精神和体力。中国有着悠久的酒文化，“李白斗酒诗百篇，长安市上酒家眠”，他在《将进酒》一诗中写道：“人生得意须尽欢，莫使金樽空对月。……烹羊宰牛且为乐，会须一饮三百杯。……钟鼓馔玉不足贵，但愿长醉不复醒。古来圣贤皆寂寞，惟有饮者留其名。……五花马，千金裘，呼儿将出换美酒，与尔同销万古愁。”杜甫的《饮中八仙歌》描写了贺知章等八个文人对酒的情怀，其中写草圣张旭是“张旭三杯草圣传，脱帽露顶王公前，挥毫落纸如云烟”，可谓解衣磅礴、率性而为，充满艺术创作的激情。但是最正确的态度还是孔子，《论语·乡党》中有“唯酒无量，不及乱”。对于饮酒没有固定的限制，但是以个人的酒量为准，以不醉为好，尽兴则佳。所以说了凡先生饮酒伤身也是没有儿子的原因之一。

了凡先生还因为长期静坐不睡眠，不注意保养元神，这是没有儿子的第六个原因。其他过失造恶还很多，不能一一枚举，这些都是他反省而得的思索。

云谷曰："岂惟科第哉。世间享千金之产者，定是千金人物；享百金之产者，定是百金人物；应饿死者，定是饿死人物；天不过因材而笃，几曾加纤毫意思。即如生子，有百世之德者，定有百世子孙保之；有十世之德者，定有十世子孙保之；有三世二世之德者，定有三世二世子孙保之；其斩焉无后者，德至薄也。汝今既知非，将向来不发科第，及不生子之相，尽情改刷；务要积德，务要包荒[①]，务要和爱，务要惜精神。从前种种，譬如昨日死；从后种种，譬如今日生：此义理再生之身。

【注释】

①包荒：包涵、宽容的意思，指拓开心量、包容一切。《易·泰》："包荒，用冯河。"疏："能包容荒秽之物，故云包荒也。"

【译文】

云谷禅师说："以上说的难道只是科举功名吗？人世间享受千金产业的人，一定是千金的人物；享受百金产业的人，一定是百金的人物；应该饿死的，一定是本就该饿死的人物。上天不过是按照每人原本的福报来进行，哪里曾经加入过一丝一毫的主意。就比如生儿子的事，积累了百世德行的人，便一定有百世的子孙来承继香火；积累了十世德行的人，便一定有十世的子孙来承继香火；只积累了三世两世德行的人，也有三世两世的子孙来承继香火；那些中断而没有后人的人，是积德太少啊。你现在既然知道自己以前的错误，就可以把一直以来不能发达科举功名以及不能生儿子的表相全都改正刷新；一定要积德，一定要包容，一定要和谐友爱，一定要爱惜精神。从前的种种行为，就好像昨日已死；今后的种种行为，就好像今天的新生：这就是超越命数的义理再生的新身体。

【点评】

云谷禅师说：难道仅仅是考功名这件事吗？世上享有大富大贵、拥有千万钱财的人，他就是千金人物，是他过去修福得来的福报。过去世修大福，今生就得大福报，过去世修小福，今生就得小福报。被饿死的是没有修福报的，且过去造业深重，自作自受。上天对待一切都是公平公允的，顺应自然的因果报应，没有加入一丝一毫的成分。好比子孙繁衍，祖宗有百世之德的，必定有百世的子孙传承。祖上有十世的福德的，就有十世的子孙传承。祖上有三世两世福德的，就有三世两世的子孙传承。现在，了凡先生既然知道了自己的过失，就应该把这些因为过失而表现出来的不能考取功名以及没有子嗣等洗刷和纠正过来，务必要积善积德，务必要拓开心量，包容一切，务必要和气慈爱，务必要保惜精神，不可喝酒熬夜。

佛教中提倡发愿，有如世人的立志，一切菩萨于因位时所应发起的四种广大之愿，又作四弘愿、四弘行愿、四弘愿行、四弘誓、四弘。有关四弘愿之内容与解释，散见于诸经论，然各经所举颇有出入。《六祖坛经》中：众生无边誓愿度，谓菩萨誓愿救度一切众生。烦恼无尽誓愿断，谓菩萨誓愿断除一切烦恼。法门无量誓愿学，谓菩萨誓愿学知一切佛法。佛道无上誓愿成，谓菩萨誓愿证得最高菩提。能发大愿，何愁不能超越命数。昨日种种，如水东流，不再想它；今后种种，改过自新，超越命数，再生义理之身。

“夫血肉之身，尚然有数；义理之身，岂不能格天①。《太甲》曰②：‘天作孽，犹可违；自作孽，不可活。’诗云：‘永言配命③，自求多福。’

【注释】

①格天：感通于天。

②《太甲》:《尚书》篇名。分上、中、下三篇，记载商王太甲与伊尹的事迹。

③配命：配合天命而行事。

【译文】

“血肉的身体，还有定数；义理再生的身体，难道不能感通于上天。《尚书·太甲》说：‘上天作孽，还可挽回；自己作孽，在所难逃。’《诗经》说：‘经常配合天命来行事，自己求取更多的福。’

【点评】

血肉之身就是指我们现在的身体，是父母所生之人身。它是无法离开妄想、分别、执着，而落在命数里，所以是能够被推算的。义理指适于理的道。《成实论·众法品》曰："佛法皆有义理，外道法无义理。"把以前不善的观念、行为都改正过来，使之与义理相应的身体，这个身体就称作义理之身。如此展开的合理合道的人生则是能够超越命数的。

《诗经·大雅·文王》上又说："我们永远要与天命相配行事，则福禄就会自己来。"《尚书·太甲》篇也说过："天降的灾害还可以躲避，自作的罪孽，逃也逃不了。"《诗经》上说，趁着雨还没下，云还没起来，赶紧将门窗修整好。只有认识到天命和自然变化的道理，才能未雨绸缪、适得其所。孔子说："吾十有五而志于学。三十而立，四十而不惑，五十而知天命，六十而耳顺，七十而从心所欲，不逾矩。"(《论语·为政》)孔子五六十岁就认识到天命并顺乎天命。宋代哲学家张载《正蒙·诚明》里说："形而后有气质之性，善反之则天地之性存焉。"将人性分为"天地之性"和"气质之性"两部分。所谓"天地之性"是天赋予人的本性。例如人性之善、仁义道德等，是永恒不变的。而每个具体的人表现出的"气质之性"，却有美恶、智愚之差别。每个人只要善于反省自己，那么就能保留"天地之性"。同样，我们也必须不断地改正血肉之身，以无限接近义理之身，这样才能感通于天。个人修养若此，治理国家也是同样道理，都要了解和顺应天命。《孟子·公孙丑上》说："仁则荣，不仁则辱。今恶辱而居不仁，是犹恶湿而居下也。如恶之，莫如贵德而尊士，贤者在位，能者在职。国家闲暇，及是时明其政刑，虽大国必畏之矣。”说的是国家的诸侯卿相们如果实行仁政，就会得到荣耀；如果实行不仁之政，就会遭受屈辱。最好是以德为贵而尊敬士人，使有德行的人居于相当的官位，有才能的人担任一定的职务；国家无内忧外患，趁这个时候修明政治、法典，纵使强大的邻国也一定会畏服于它。这些措施才是真正的合于天命的。

“孔先生算汝不登科第，不生子者，此天作之孽，犹可得而违；汝今扩充德性[①]，力行善事，多积阴德[②]，此自己所作之福也，安得而不受享乎[③]？

【注释】

①德性：人的天赋道德本性。

②阴德：做好事而不让人知道。

③安得：怎么能够。

【译文】

“孔先生算定你不能考取科举，不能生儿子，这是上天制定的定命，但还可以挽回；你现在要扩充你的道德修养，努力去行善事，多积累阴德，这是自己制作的福报，哪里能会得不到享受福报的机会呢？

【点评】

孔先生所算定的了凡先生今生不能得取功名，命中注定也没有儿子，这是过去世中所造之业的结果，这是天作之孽。但天命算定并非一成不变的，它是可以挽回的。儒家思想认为人应该做他该做的事，也就是由于在道德上认为是正确的事便去做了，并非出于道德强制之外的考虑。孟子主张“性善”，人性中有种种善的成分，他说“人皆有不忍人之心。……今人见孺子将入于井，皆有怵惕恻隐之心”，提出人有四端，“恻隐之心，仁之端也；羞恶之心，义之端也；辞让之心，礼之端也；是非之心，智之端也。人之有是四端也，犹其有四体也”，并认为“凡有四端于我者，知皆扩而充之矣”。所以说应当多做善事，发挥本性。并且不求人知，为自己造福，“善欲人见，不是真善”，若为名利而行善，则又落于执着，这也是人的修养的体现。古代真正有大德的贤能，往往能隐居深山，韬光养晦，机缘成熟之时，则能为国为民，建功立业。三国时诸葛亮虽高卧隆中，却能受任于败军之际，奉命于危难之间，辅佑蜀国。梁朝陶弘景虽身处方外，却被誉为“山中宰相”，俨然朝廷决策人物。

自己使得自我的德性得以扩充，一生多造善业，自己所造的福德哪有自己不享受的道理？中国自古就有善恶因果报应之说，如《易经》中有：“积善之家，必有余庆。”佛教传入后，业的思想与因果报应观念相结合而被视作一种业力，这种业力连接着过去、现在、未来三世，这是一种因果通三世的思想，“欲知前世因，今生受者是；欲知来生事，今生作者是。”

对于因果，佛家的解释是：“因者能生，果者所生，有因则必有果，有果则必有因。是谓因果之理。”佛经中还说：“菩萨畏因，众生畏果。”菩萨明因识果，故而能预先断除恶因，如此能消灭罪障，功德圆满最终成佛；而众生却常作恶因，无所顾忌，恶因既种，却又无时无刻不在思量免去恶果，这就好比人立于烈日之下，已是无处避逃，却想方设法使自己没有影子，这终究是徒劳无功的。

"《易》为君子谋，趋吉避凶；若言天命有常①，吉何可趋，凶何可避？开章第一义，便说：'积善之家，必有余庆②。'汝信得及否③？"余信其言，拜而受教。

【注释】

①常：指万物运动与变化中的不变之律则。《老子》一章："道可道，非常道。"《荀子·天论》："天行有常。"

②积善之家，必有余庆：乐于做好事的人家，必定会得到许多幸福，喜庆有余。《易·坤》："积善之家，必有余庆；积不善之家，必有余殃。"

③信得及：能够相信。

【译文】

"《易》为君子谋划，要谋求安利，避开灾难；如果说上天注定的命运是不可改变的，那吉利怎么能谋求，灾难又怎么能避开呢？《易》的开章第一义就说：'积累善行的家族，一定会有许多福报。'你相信吗？"我相信他说的话，下拜而受教。

【点评】

《易经》是君子立命所依托的典籍，书中教人趋吉避凶，这说明命运是可以改变的，如果说天命是恒常不变的，那又如何去趋向于吉祥，如何回避掉凶险？云谷禅师的开导增强了了凡先生的信心。

这里，云谷禅师使用了一种善巧的方法，即以了凡先生所信奉的《周易》的道理，来引导他逐渐领悟命运可以改变、命运在我手中的道理。《周易》是古代君子安身立命所依托的圣典，它最大的功用就是趋吉避凶。如果说人的命运早已天定，无可更改，人在命运面前全然被动，无能为力，那么《周易》一书的存在又有何意义呢？书中言道："积善之家，必有余庆，积不善之家，必有余殃。"仅此一句，便足以作为改变命数的依据。中国传统文化当中的善恶报应，是和祖先家族的兴衰福祸紧密联系在一起的，严格说来，与佛法中自作自受的因果业报观念有一定的区别。但就善恶有报这一点来说是相通的，因此，完全可以作为一种化导众生改过迁善、改造命运、得到幸福的方便法门。了凡先生本就是一个善根深厚的人，他一听之下，必然内心隐然有所领悟，觉察到自己过往的人生态度和处世原则存在着很大的偏颇，因此心悦诚服地对云谷禅师"拜而受教"。

因将往日之罪，佛前尽情发露①，为疏一通②，先求登科③；誓行善事三千条，以报天地祖宗之德。

【注释】

①发露：揭露，一丝一毫都不隐瞒，完全说出自己所犯过失。《天台四教仪》曰："一切随意发露，更不覆藏。"

②疏：奏章的一种，有使下情上达、上下疏通之意。自汉始创，沿用至清，奏疏遂为群臣论谏的总名。汉代贾谊有《论积贮疏》，晁错有《论贵粟疏》。私人信件中也有用"疏"这个名称的，如陶渊明《与子俨等疏》，这里指文章，并用作动词，指写文章。

③登科：也称"登第"。科举考中进士。明、清两代的科举考试只设进士一科，三年一考，中式者进士及第谓之登科。

【译文】

于是把以前的罪行，在佛祖之前尽情地揭露，写了一封奏章，先祈求能考中进士；并发誓要行善事三千条，来报答天地与祖宗的恩德。

【点评】

《朱子家训》中有"恶恐人知，便是大恶"。了凡先生下定决心改过自新，要将过去所做的种种罪恶和过错，都毫不隐瞒，在佛前尽情地忏悔，他将这些忏悔写成一篇文章，发愿求取功名。还发誓践行善举三千条，以此报答天地祖宗的恩德。

什么是忏悔？《六祖坛经·忏悔品》说："忏者，忏其前愆。从前所有恶业，愚迷骄诳嫉妒等罪，悉皆尽忏，永不复起，是名为忏。悔者，悔其后过。从今以后，所有恶业，愚迷骄诳嫉妒等罪，今已觉悟，悉皆永断，更不复作，是名为悔，故称忏悔。”就是说：忏，是对以前所造下的罪业恶业，如愚昧迷惑、骄狂傲妄、嫉妒等等罪过，全部都坦白承认，永远都不再重犯，这叫做“忏”。所谓悔，反思改悔以断除今后会造罪业。从今以后，所有恶业，愚昧迷惑、骄狂傲妄、嫉妒等等罪过，现在都已觉知开悟，全部都将永远断绝，更不会再次造作，这就叫做“悔”。所以称为“忏悔”。

身陷愚迷的凡夫，只知道忏悔以前的过错，不知道悔悟今后的过失。由于不能悔改，导致以前的过失不能灭尽，今后的过错又不断生起，这样何来忏悔呢？

云谷出功过格示余①，令所行之事，逐日登记；善则记数，恶则退除，且教持准提咒②，以期必验。

【注释】

①功过格：人们将自己行为分别善恶逐日记录以查考功过的方法。一种从佛道善恶报应的思想演化而来的推命术。佛教以因果轮回论人祸福，道教也以善恶报应谈人吉凶，然佛、道二教主要着眼于来世，功过格则从现世出发，认为“祸福无门，惟人自召，善恶之报，如影随身”。人之寿夭、贵贱、吉凶的定数，完全取决于自己的所作所为。行善者多吉，施恶者多厄，一个人的善恶功过，自有神灵明察、决定奖惩，所以任何飞来的横祸，意外的福

禄，看似偶然实则为功过报应的必然体现。

②准提咒：称佛母准提神咒，咒文为：南无飒哆喃，三藐三菩陀，俱胝喃，怛侄他。唵，折戾主戾，准提娑婆诃。《准提陀罗尼经》称此咒为佛所说过去七俱胝佛所说的陀罗尼，持满九十万遍，能灭十恶五逆四重诸罪，增福寿、消诸灾病；诵满四十九日，可遂求智慧神通、消灾诸愿；依法立坛诵满百万遍，便得往生净土历事诸佛，得证佛果。持诵者不拣净秽，皆得成就。藏密谓此咒为准提佛母根本咒，其咒心为“唵”字及以后二句。汉地佛教界历来持诵此咒者颇众，列为“十小咒”之一。

【译文】

云谷禅师拿出功过格来给我看，让我把做过的事，每天一一登记在册；若是善事就增加数字，若是坏事就减去数字，而且教给我念诵“准提咒”，以期待其应验。

【点评】

“功过格”是道教中道士自记善恶功过的一种簿册。善言善行为“功”，记“功格”；恶言恶行为“过”，记“过格”。修真之士，自记功过，自知功过多寡。“功”多者得福，“过”多者得咎。道教以此作为道士自我约束言行、积功行善的修养方法。《抱朴子内篇·对俗》具体规定：“人欲地仙，当立三百善；欲天仙，当立千二百善。若有千一百九十九善，而忽复中行一恶，则尽失前善，乃当复更起善数耳。故善不在大，恶不在小也。”道士自记功过当是仿效宋儒而来。

云谷禅师的“功过格”有准百功、准五十功、准三十功、准十功、准五功、准三功、准一功，其中“准一功”的具体内容有：赞一人善。掩一人恶。劝息一人争。见杀不食，闻杀不食。为己杀不食。阻人一非为事。葬一自死禽类。济一人饥。留无归人一宿。救一人寒。救一细微湿化之属命。作功课荐沉魂。放一生。散钱粟衣帛济人。施药一服。饶人债负。施行劝济人文书。还人遗物。诵经一卷。不义之财不取。礼忏百拜。代完纳债负。诵佛号千声。让地让产。讲演善法谕及十人。劝人出财作种种功德。兴事利及十人。拾得遗字一千。饭一僧。护持众僧一人。不拒乞人。接济人畜一时疲顿。见人有忧，善为解慰。不负托财物。建仓平粜，修造路桥，疏河掘井。修置三宝寺院，造三宝尊像及施香烛灯油等物。施茶、施棺等一切方便事。下俱以百钱为一功。

还有准百过、准五十过，准三十过、准十过、准五过、准三过、准一过，其中“准一过”为：没人一善。役人畜不怜疲顿。唆人一斗。不告人取人一针一草。见人忧惊不慰，心中暗举恶意害人遗弃字纸。助人为非一事。暴弃五谷天物。见人盗细物不阻。负一约。醉犯一人。见一人饥寒不救济。诵经差漏一字句。僧人乞食不与。拒一乞人。食肉五辛诵经登三宝地。食一报人之畜等肉及杀一细微湿化属命，覆巢破卵。背众受利伤用他钱。负贷，负遗，负寄托财物。因公恃势乞索巧索取人一切财物。废坏三宝尊像及殿宇器用等物，小出大入。贩卖屠刀、渔网等物。下俱以百钱为一过。

语余曰："符箓家有云①：'不会书符，被鬼神笑。'此有秘传，只是不动念也。执笔书符，先把万缘放下，一尘不起。从此念头不动处，下一点，谓之混沌开基②。由此而一笔挥成，更无思虑，此符便灵。"

【注释】

①符箓（lù）：道教术语，指道教秘文。符是道士书写的一种笔画屈曲、似字非字的图形，箓是记天曹官属佐吏之名、又有诸符错杂其间的秘文。谓能治病、镇邪、驱鬼、召神。五斗米道和太平道建立时，即使用符箓术。道书称太上老君下降鹤鸣山，授张陵"正一盟威"之经。《太平经》："欲除疾病而大开道者，取决于丹书吞字也。"符箓术亦为天师道、正一道派主要方术。灵宝派所出经书，符箓斋戒书占半数以上。天师道内盛行授箓制度。寇谦之改革天师道，仍继承授箓制度。《隋书·经籍志》：魏太武帝受符箓，"自是每帝即位，必受符箓，以为故事"。隋唐时符箓不显。北宋时，龙虎、阁皂、茅山分传天师、灵宝、上清三宗经箓，称"三山符箓"。明代以后，正一道仍以符箓之术行世。

②混沌开基：道家功理功法性修为名词。混沌，道教内丹术术语。指入静后，处于物我两忘的状态。天地物我，虚空无际，阴阳四象，同归合一。开基，开创，开始。《大成捷要》："百日十月关中，有七

次混沌开基之旨，皆得吾师心传。第一次混沌开基是玄关窍开，产出真种；第二次混沌开基是阳光三现，产出大药；第三次混沌开基是妙结道胎，一阳初生；第四次混沌开基是璇玑停轮，日月合璧，亦曰二阳生；第五次混沌开基是心灭，大定以后，三花聚顶，五气朝元；第六次混沌开基是深入涅槃，神俱六通；第七次混沌开基是高登彼岸，金花如轮。”此系炼丹门七个修为步骤。

【译文】

云谷禅师对我说：“道家有一句话说：‘不会书符，被鬼神所笑。’书符实有秘诀，就是不要动念。拿笔写符，先要把万事放下，一点尘心都不起。从这个一点念头都不动的地方写下一点，就称之为‘混沌开基’。从此就一笔写成，全不用思想，这样写成的符就会灵验。”

【点评】

道教是中国土生土长的宗教。符箓作为道教方术之一，是道士用来沟通人神的秘宝。“符”这种介于字画之间的神秘符号俗称“鬼画符”。道士即以这种神秘奇特的符号来召神请仙，驱鬼避邪。这种神秘的符号，不是随便什么人都能画的，“画符不知窍，反惹鬼神笑；画符若知窍，惊得鬼神叫”。“箓”是写着所请神仙名字及所求之事的文书，即写给神仙的邀请书。藏在人身边的，所请神仙就会在冥冥之中保护关照他。符与箓后来合而为一，称为符箓，用来为人祈福禳灾，祛病除邪。

如何画符才灵验？秘诀就是“只是不动念也”，一笔挥就，更无思虑，这样的符便灵验。

自成一体的道家书法可以说与画符有着一定的内在联系。东晋书法家王羲之，乃一代书圣。《晋书·王羲之传》记载："王氏世事张氏五斗米道。"可见其家族世代笃信道教。就连其名字中之所以有"之"字，也与道教各派中的"正一道"的前身"五斗米道"密切相关，据一些研究表明，"之"字乃五斗米道中用于道徒名字的暗记，并被广泛用于当时笃信五斗米道的门阀世族家庭成员的名字中。如科学家祖冲之、画家顾恺之、史学家裴松之等。据近代史学大家陈寅恪考证，两晋南朝的书法世家和天师道世家是基本相符的。道家抄写道经与画符，必须以能书者任之；抄写道经不失为一种功德，信道者也乐意为之。王羲之父辈中的王敦、王导、王旷等皆擅长书法。王羲之、王献之父子更是合称"二王"。陈寅恪认为："艺术之发展多受宗教之影响，而宗教之传播，亦多倚艺术为资用。"另外，王羲之的书论与道家画符的理论也存在一定的联系。传为王羲之所作的《题卫夫人〈笔阵图〉后》中说："夫欲书者，先干研墨，凝神静思，预想字形大小、偃仰、平直、振动，令筋脉相连，意在笔前，然后作字。"同样传为王羲之所作的《书论》中有："凡书贵乎沉静，令意在笔前，字居心后，未作之时，结思成矣。"在如此凝神沉静的状态下进行书法创作，无怪乎能有《兰亭》之千古佳作。以此种心态画符，则可无思虑而能灵验也。其实王羲之所倡的专志凝神、静观默想与佛教的禅观之旨也十分相契，与佛教之"戒、定、慧"三学有着内在的联系。另外，王羲之书风对后世的影响更多体现在佛教的抄经书法上，隋唐的智永，据传是王羲之七世孙，他能传家法，以王体书法抄经八百余本分散浙东诸寺，以规范当时的抄经书体；唐代僧人怀仁集王体书法成《圣教序》，所有这些都可看出王羲之的书法风格对佛教书法创作风格的影响以及王体书法在佛教书法中的广泛运用。

凡祈天立命，都要从无思无虑处感格①。孟子论立命之学，而曰："夭寿不贰。"夫夭寿，至贰者也。当其不动念时，孰为夭，孰为寿？细分之，丰歉不贰，然后可立贫富之命；穷通不贰，然后可立贵贱之命；夭寿不贰，然后可立生死之命。人生世间，惟死生为重，曰夭寿，则一切顺逆皆该之矣②。

【注释】

①感格：感应，灵感。

②该：具备，包括。王充《论衡·自纪》："幼老生死古今，罔不详该。"《后汉书·班固传》："仁圣之事既该，帝王之道备矣。"

【译文】

凡是祈祷上天要修身养性以奉天命的人，都要从没有思虑的地方来感应万物。孟子论及立命的学问，就说："夭折与长寿没有区别。"其实，夭折与长寿，是有很大区别的。但当一个人不动思虑的时候，什么是夭折，什么是长寿呢？仔细分析的话，丰收与歉收没有区别，然后便可以立下贫穷与富有的天命；困窘与腾达没有区别，然后可以立下尊贵与贫贱的天命；夭折与长寿没有区别，然后可以立下生与死的天命。一个人生在世间，只有生与死是最重要的，这里说夭折与长寿，就是把一切顺境与逆境都包括了。

【点评】

向佛菩萨或天地鬼神祈祷，要无思无虑、清静本心、不起妄念，如此虔诚祷告，方能感应。没有一个妄念，就是真诚之心、清净之心、恭敬之心。

“立命”二字，在儒家经典中，初见于《孟子》。孟子说:“尽其心者，知其性也。知其性，则知天矣。存其心，养其性，所以事天也。夭寿不二，修身以俟之，所以立命也。”(《孟子·尽心上》)说的是人只有充分扩张自我善良本心，才是顺应人之本性，就是知天命。保持人的本心，培养人的本性，这才是真正的正确对待天命。如此，勿论长寿短命，在儒家看来都是没有分别的，都是是一非二的，我们不应当去二分“夭”与“寿”，应当安心培养本性，从容面对天命。

道家庄子的《齐物论》也体现了“不二”的辩证思想，“天下莫大于秋毫之末，而太山为小；莫寿于殇子，而彭祖为夭”。天地之间最大的是秋天鸟兽的细毛，而泰山为最小。小孩子生下来就夭折是寿命最长，而活了八百岁的彭祖却实在是短命。大小没有绝对的标准，所谓夭折和长寿也不是截然两分的。空间的大小，寿命的长短，都是人主观二分的结果，没有绝对的标准。是非、善恶都是由于我们有所区分的心念所生成的。具体说来，我们若视丰足和短缺是一样的，就可以在贫富方面乐天知命，不被贫富所牵累。《论语》中的颜回能安贫乐道，大为孔子所欣赏。子曰："贤哉，回也！一箪食，一瓢饮，在陋巷，人不堪其忧，回也不改其乐。贤哉，回也！"如果我们视穷困潦倒和官运亨通没有差别，就可以在命运富贵还是贫贱方面顺应天命，不为贵贱所烦恼。并且儒家对于不义之富贵是不屑一顾的。《论语·述而》："子曰：'饭疏食，饮水，曲肱而枕之，乐亦在其中矣；不义而富且贵，于我如浮云。'"吃粗粮，喝白水，弯着胳膊当枕头，乐在其中。孔子对于清贫的生活甘之如饴；对于用不正当的手段得来的富贵，则如过眼云烟而不足取。求取富贵须合于"义"与"仁道"，在贫富与道义发生矛盾时，君子宁可受穷也不会放弃道义。在短命和长寿之间不起分别之心，那我们就可以在生死大事上了脱执着之心。

人生在世，死生之事最为重要，在生死问题上得大自在，则对于人生所有的顺逆都能得到觉悟。对短命和长寿不起分别执着，就能对一切祸福凶吉都不起分别执着。所以世上唯有"觉者"能安身立命。

至修身以俟之[1]，乃积德祈天之事。曰"修"，则身有过恶，皆当治而去之；曰"俟"，则一毫觊觎，一毫将迎，皆当斩绝之矣。到此地位，直造先天之境，即此便是实学。汝未能无心，但能持《准提咒》，无记无数，不令间断，持得纯熟，于持中不持，于不持中持。到得念头不动，则灵验矣。余初号“学海”，是日改号“了凡”；盖悟立命之说，而不欲落凡夫窠臼也[②]。

【注释】

①俟（sì）：等待。《论语·先进》：“如其礼乐，以俟君子。”

②窠臼（kējiù）：窠巢和舂臼。比喻陈旧的格调。

【译文】

到修身养性来等待命运的转变，这是积累德行并祈祷上天的事。说“修”，那么若有过错与坏事，都应当治疗并消除；说“等”，那么哪怕是一丝的觊觎之心，一毫的迎合之意，都应当斩草除根。到这个地步，直接进入了先天的境界，这样才是实学。你还不能达到无心的境地，但只要能修持《准提咒》，不必特意去记，也不必去数念了多少遍，不要间断，修持得非常纯熟，在修持时似乎像不修持一样平常，在不修持时却又如修持一样。等修到念头不动的时候，就灵验了。我最初号为“学海”，当天便改号为“了凡”：因为悟到了修身立命的学说，便不愿意再落到凡夫俗子的旧路上去了。

【点评】

命运能否被改变，我们对待它的态度应当是勤勉修身而又能安心等待。改变命运也不是一蹴而就的，需要时间积累和勇猛精进。修德之功日深，命数自然能够好转，所谓水到渠成、瓜熟蒂落。只有时时刻刻存养我们的德性，才会获得福报。这里特别要强调“修”，修即修正。佛教中“业”为造作之义。如身之所作、口之所语、意之所思是为身、口、意三业。身业如杀生、偷盗、邪淫、酗酒等事；口业如恶口、两舌、绮语、妄语等之言语；意业如贪、嗔、痴等起心动念。正因为我们的身心存在过往诸多恶念，造下诸多恶业，故而应当修德进善、彻心改过，一直到完全治疗根绝为止。身心中的恶念恶行，永远将其断除灭断。

修身积德切不可希望早得善报、心存非分之想。所谓“种瓜得瓜，种豆得豆”，种瓜者不能得豆，种豆者不能得瓜。我们要把非分的心念除掉，有丝毫念头起灭都应当斩绝灭尽。所谓斩草要除根，恶念如同蔓草滋生于心，只要有一点空间，都能丛生蔓延，侵蚀我们的心灵。总之，不能生起一丝一毫对福报的觊觎之心，不可有一丝一毫对功利的迁就迎合之态。孟子还说：“学问之道无他，求其放心而已。”这个放心可以说就是断除妄想、分别、执着，恢复我们的真心本性，这才是真正求学问道的态度。能够做到这种程度，那就是直达先天不动念头的境界了。做到这样的程度才是实实在在的学问，才是理解了真正的立命之学。

凡夫俗子们是很难做到不起心动念的，如何才能控制心中的念头？唐代王维曾有诗云“安禅制毒龙”，这里的毒龙就是指我们的心念。云谷禅师见了凡先生未必能做到不起心动念，便教给他持准提咒。准提又作准胝、准泥、准提观音、准提佛母、佛母准提，意译作清净、护持佛法，是为短命众生延寿护命的菩萨。云谷禅师这里是教授了凡先生“戒、定、慧”三学一次完成的圆修圆证之法。《华严经》中“一修一切修”：所谓上根大智之人，全性起修，了修即性，修性不二，事理互融。烧香散华，无非中道；习禅诵经，尽是真如。是故一行修，则一切行无不修。念佛、念咒也有功夫，其境界也分层次。“记数”是最低的功夫，从记数到“无记无数”，再到“持而不持，不持而持”，这是一个不断升华的过程。在持准提咒念佛时要能做到无记无数，不令间断，要达到“不怀疑、不夹杂、不间断”的境地。功夫要能做到一片纯熟，于持中不持，于不持中持，就可不起心动念了。上乘的功夫是理一心不乱，中等的功夫是事一心不乱，下等的功夫是功夫成片，修学一定从功夫成片，再提升到事一心不乱，再提升到理一心不乱。

中国古人的姓名和现代一样，是人们在社会交往中用来代表个人的符号。古人的名是由父母所取，轻易不可更改，除了名以外还有“字”，字往往是“名”的解释和补充，二者相表里，又称“表字”。屈原在《离骚》里自述：“名余曰正则兮，字余曰灵均。”“正则”就是“平”，“灵均”就是“原”。所以他名“平”字“原”。三国赵云字子龙，取自《周易》“云从龙，风从虎”；明代军事家于谦字廷益和清初文人钱谦益字受之，则都是用《尚书》中“谦受益”的典故。古人的“名”、“字”还常用来表示在家族中的行辈。先秦时，常在名、姓前加伯（孟）、仲、叔、季表兄弟长幼，如伯夷、叔齐，伯是兄，叔是弟；孔丘字仲尼，“仲”就是排行老二。除了名、字，古人还有号。“号”是一种固定的别名，又称别号。封建社会的中上层人物，特别是文人往往以住地和志趣等为自己取号。如唐代李白的青莲居士、杜甫的少陵野老、宋代苏轼的东坡居士、明代唐寅的六如居士、清代郑燮的板桥、朱用纯的柏庐等，都是后人熟知的。佛门中有称谓，即指法名，指出家入道时，师父所赐之名。又云戒名，受戒时师父所授之名。僧人死后的谥号，也称法号。了凡先生本来号为学海，说明他好学、喜读书。自从这一天开始就改号为了凡，“了”即明了、了脱，“凡”是凡夫。其意义是悟了顺从天命的道理，不再如同凡夫俗子一般为命运所拘。

从此而后，终日兢兢①，便觉与前不同。前日只是悠悠放任，到此自有战兢惕厉景象②，在暗室屋漏中③，常恐得罪天地鬼神；遇人憎我毁我，自能恬然容受。

【注释】

①兢兢（jīng）：谨慎小心的样子。《史记·外戚世家》：“礼之用，唯婚姻为兢兢。”

②惕厉：谨慎戒惕，心存危惧。《后汉书·马皇后纪》：“日夜惕厉，思自降损；居不求安，食不念饱。”

③暗室屋漏：指别人看不见的地方，隐私之室。

【译文】

从此以后，我每天都战战兢兢，于是便觉得与以前大不相同。以前是悠闲轻松的放任自流，现在自然有小心谨慎、心存危惧的样子，在别人看不见的私室，也常常怕得罪了天地鬼神；遇到有人怨恨、诋毁我，也便能安然地宽容、接受。

【点评】

以上是云谷禅师对了凡先生的教导，下面就是了凡先生自己修持的经历。记述了他如何将云谷禅师的训导在自我修持上落实的。自从彻悟之后，从此开始认真用功，依照功过格每日反省，自己体悟与以前不同，“觉今是而昨非”，以前是整日里过着悠游放任的生活，现在则战战兢兢、时刻有警惕的念头，生怕生起恶念，得罪天地鬼神。

《礼记·中庸》中说：“道也者，不可须臾离也；可离，非道也。是故君子戒慎乎其所不睹，恐惧乎其所不闻。莫见乎隐，莫显乎微，故君子慎其独也。”道是片刻不可离的，如果可离就不是道了。君子即使是处于别人看不见的地方也心存敬畏，不敢造次。在别人听不见的地方也有所戒慎畏惧。越隐秘的事越容易显露，越细微的事越容易显现。君子独处独知之时更要谨慎。心中不起恶念，真正做到克己功夫。

寺院中僧人以和合为义，对僧人修行强调要“依众靠众”。佛教有“六和敬”：即身和共住、口和无诤、意和同事、戒和同修、见和同解、利和同均。这种身和同住可以收到与儒家慎独同样的功效。十几个僧人睡在一个房间的通铺上，目的在于使人不能有丝毫的放纵。同时还可以修炼我们的无分别心，如对同住者的爱憎，对住宿环境条件的嫌恶喜好等，断灭不平等心，修炼清净心，这才是修行。

遇到别人毁谤，丝毫不挂碍于心，而是能安然包容接受。唐代天台山国清寺隐僧寒山与拾得，行迹怪诞，言语非常，相传是文殊菩萨与普贤菩萨的化身。《古尊宿语录》中记载寒山问拾得："世间谤我、欺我、辱我、笑我、轻我、贱我、恶我、骗我，如何处治乎？"拾得云："只是忍他、让他、由他、避他、耐他、敬他、不要理他，再待几年你且看他。"这个绝妙的问答，蕴含了面对人我是非的处世之道。了凡先生以前遇到有人憎恨、讨厌、毁谤他时，是万万不可接受、睚眦必报的，现在则是心量渐开，能恬然容受他人。

到明年，礼部考科举，孔先生算该第三，忽考第一，其言不验，而秋闱中式矣[①]。然行义未纯，检身多误[②]：或见善而行之不勇，或救人而心常自疑；或身勉为善，而口有过言；或醒时操持，而醉后放逸[③]。以过折功，日常虚度。

【注释】

①秋闱（wéi）：亦称"秋试"。明清时乡试每隔三年的八月间在各省省城举行，因其时值秋季，故亦称秋闱。闱，是考场的意思。

②检身：约束、检点自己。杜甫《毒热寄简崔评事十六弟》："蕴藉异时辈，检身非苟求。"

③放逸：离善放纵，不修善法。

【译文】

到了第二年，礼部举行科举考试，孔先生算出我应该为第三名，却突然考了第一名，他的话不灵验了，我也在乡试时中举了。但我修行义却还不纯粹，检点自身发现还有很多疏误：或者看到善事去实行了却还不够勇猛；或者救人时心中常常生出迟疑；或者正努力行善，但嘴上却有失当的言论；或者清醒的时候能尽力操持，但酒醉后却不免放纵。用过错来抵消功劳，许多日子便这样虚度了。

【点评】

自从三十五岁遇到云谷禅师后，第二年（1570）了凡先生便参加礼部的科举考试，原本孔先生算定他该考第三名，由于他行善积德，此次得以高中头名。孔先生所推算的命运第一次没有灵验，可见命运不是定数，而会有变数。了凡先生正是因为自己的修德进业而改变了命数，命里原来只可中秀才而没有科第，现在发愿求中进士，却能得偿所愿。

了凡先生虽然内省为善，但是却做得远远不够纯粹，还掺杂了很多个人利害思想。检点自己的行为，行善过程中还存有很多过失：有时看见要做的善事，行动时却不够勇猛；有时帮助别人的苦难时，心中却常常生出迟疑；有时虽然身体力行，做了善事，却往往言语失当，不合礼法。孔子教学有四科，后世学者将德行、政事、文学、言语，视为“孔门四科”，其基本依据便是《论语·先进》上的记载：“德行：颜渊、闵子骞、冉伯牛、仲弓；言语：宰我、子贡；政事：冉有、季路；文学：子游、子夏。”这就是说，孔门弟子根据其学业特长分为德行、言语、政事、文学四科。第一科为德行，此乃做人的根本，闻名的有颜回，“回以德行著名”。第二科为言语，就是讲求说话要言之有度，闻名的有宰予，“有口才，以言语著名”，这里的有口才必然是要包括言语得当、说话有分寸。这是我们评价一个人是否有口才的基本准则，否则就是伶牙俐齿、失于轻浮，乃至招致祸端。第三科是以政事闻名的，如子有：“有才艺，以政事著名”，子路，“有勇力才艺，以政事著名”。第四科以文学闻名的有言偃（子游），“特习于礼，以文学著名”，卜商（子夏），“习于《诗》，能诵其义，以文学著名”。

了凡先生还喜欢饮酒，在清醒的时候能注意自己的言行，但醉酒后却增长放逸。酒为佛教五戒之一，佛教的酒戒可谓渊源深厚，早在印度《摩奴法典》中就禁止婆罗门饮酒。佛教历史上记载着这样一个发人深省的故事：有一位在家居士，一次口渴而误饮烈酒，导致酩酊大醉，恰巧这时邻居家的一只鸡跑到他家院中，他便于醉中将鸡宰杀煮食。邻居家的妇人循声前来寻鸡，醉酒的这位居士居然淫心大发，欺辱了妇人。被告发而带至官府后，他又百般狡辩，死不认罪。所以，由于饮酒这件“小事”，致使这位居士一连犯下杀生、偷盗、邪淫、妄语四种重罪，故而佛教对酒是深戒的。

了凡先生反思自己，一直以来所做之功与所犯之过两相比较，过多功少，只能算是虚度了如许光阴！

自己巳岁发愿[1]，直至己卯岁[2]，历十余年，而三千善行始完。时方从李渐庵入关[3]，未及回向[4]。庚辰南还[5]，始请性空、慧空诸上人，就东塔禅堂回向。遂起求子愿，亦许行三千善事。辛巳[⑥]，生男天启。

【注释】

①己巳：指1569年。发愿：发起誓愿。《阿弥陀经》："应当发愿生彼国土。"

②己卯：指1579年。

③李渐庵：即李世达，字子成，号渐庵，泾阳（今属陕西）人。嘉靖三十五年（1556）进士。授户部主事，历任南京太仆卿、右佥都御史、浙江巡抚、南京兵部右侍郎、刑部尚书等职。

④回向：佛教语。回转自己所修之功德而趣向于所期，谓之回向。回，回转。向，趣向。期施自己之善根功德与于他者，回向于众生。以己之功德而期自他皆成佛果者，回向于佛道。也就是回转自己所修的功德以趣向于众生或庄严佛净土。《往生论注》下曰："回向者，回己功德普施众生，共见阿弥陀如来，生安乐国。"孟浩然《腊月八日于剡县石城寺礼拜》："下生弥勒见，回向一心归。"

⑤庚辰：指1580年

⑥辛巳：指1581年。

【译文】

从己巳年发起誓愿，直到己卯年，历时十多年，三千个善行才圆满。当时正跟随李世达先生入关，还没来得及回转自己所修的功德而趣向于众生。庚辰年再回到南方，才开始请了性空、慧空等上人，在东塔禅堂回向。这时便生出求子的愿望，也许下了三千件善事。辛巳年便生了儿子袁天启。

【点评】

了凡先生发愿求取功名，己巳至己卯，即隆庆三年（1569）到万历七年（1579），经历了十一年，三千件善事才圆满完成。由于他常年在外，曾经一度在李渐庵军中办事，担任参谋。故而一直没有机会和时间进行回向。

佛教中说："言回向者，回己善法有所趣向，故名回向。""回"即回转，"向"则是趣向，回转自己所修之功德而趣向于所期就叫做"回向"。以自己所修的善根功德，回转给众生，并使自己趣入菩提涅。或以自己所修的善根，为亡者追悼，以期亡者安稳。诸经论有关回向之说甚多，慧远的《大乘义章》卷九，分"回向"为三种：一、菩提回向，回己所修之一切善法，以趣求菩提的一切种德。二、众生回向，念众生故，回己所修一切善法，愿以与他。三、实际回向，以己之善根回求平等如实法性。

直到第二年才有机会，请性空法师、慧空法师诸位上人在东塔禅堂回向，了凡先生己巳年所许下的愿终于圆满了，真正做到了。了凡先生命中无子，现在他想发愿求得，所以他又发愿行三千善事。由于他是诚心发愿，所以立时得到感应，三千愿事还没有圆满，第二年就生了儿子天启。

余行一事，随以笔记；汝母不能书，每行一事，辄用鹅毛管，印一朱圈于历日之上[①]。或施食贫人，或放生命[2]，一日有多至十余者。至癸未八月[3]，三千之数已满。复请性空辈，就家庭回向。

【注释】

①历日：日历，历书。

②放生命：即放生。释放被羁禁的生物。佛家以不杀生为善举，规定“五戒”的头一条即“不杀生”，同时提倡“放生”。佛教要求佛门弟子应以慈悲为怀常行放生，据此可得长命的果报。

③癸未：指1583年。

【译文】

我每做一件事，便随时用笔记下来；你的母亲不会写字，每做一件事，就用鹅毛管印一个红色的圈在历书上。或者给穷人布施食物，或者放生，一天有的多达十来件。到癸未年八月，三千件的数量又圆满了，再请了性空等人，在家里回向。

【点评】

了凡先生每天行善，做了一桩善事后便记录在案。夫唱妇随，了凡先生的妻子也跟着一同行善，可谓相得益彰。他的夫人因为不能识文断字，所以只能以符号记录所行之善，她每天在家里的日历簿上用鹅毛笔沾印泥记录自己的善行。有时是施舍食物给贫苦之人，有时是买来活物放生。

佛教有“六度”，度为度生死海的意思，其行法有六种：一布施，二持戒，三忍辱，四精进，五禅定，六智慧。其中布施是以福利施与他人。施舍的种类很多，以施与财物为本义。佛经中说："言布施者，以己财事分布与他，名之为布，己惠人目之为施。"

佛教还宣扬"放生"，就是释放被羁禁的生物、活物。"不杀生"乃是佛教戒律之首。杀生的人，当坠落地狱、饿鬼、畜生"三恶道"中，受无穷苦；侥幸为人，亦受短命等恶报。所以说杀生是最大的恶业，而放生则是最大的功德。《金光明经·流水长者子品》中记载释迦佛过去世为流水长者子。一次，长者子经一空泽，见池水涸竭，万鱼被曝晒将死。长者子先取树叶遮住阳光。后来发现，恶人为了捕鱼，在源头处截断了水流。长者子即向国王借了象队，到上流用皮囊盛水，运到空泽，倾泻池中，救活了万鱼。中国流行放生乃始于隋代天台大师智𫖮。智𫖮"买断簄梁，悉罢江上采捕"，就是让渔人在天台山海隅放生。当然，佛教所说的放生是指在日常生活中，偶然发现的活泼泼的动物，认定它还能活命，故而买来放生。要随缘应化，如果故意去找寻作为，则又是攀缘了。

了凡夫妇在起初是一天难得行善一次，故而完成三千善事耗费了十多年之久。现在一天有时能行善十多件。从庚辰年到癸未年，只用了四年之功，便将三千善行都做得圆满了。故而再次请来性空法师等人在家中的佛堂做回向。

九月十三日，复起求中进士愿，许行善事一万条，丙戌登第[①]，授宝坻知县。余置空格一册，名曰《治心篇》。晨起坐堂[②]，家人携付门役，置案上，所行善恶，纤悉必记[③]。夜则设桌于庭，效赵阅道焚香告帝④。

【注释】

①丙戌：指1586年。

②坐堂：官吏坐在官署的厅堂上问事判案。

③纤悉：细微详尽。孟郊《秋怀》："还如刻削形，免有纤悉聪。"

④赵阅道：北宋官员。名抃，字阅道。自号知非子。衢州西安（今浙江衢州）人。景祐进士。景祐初，累官殿中侍御史，刚直敢言，不避权贵，时称"铁面御史"。历任益州路转运使，加龙图阁学士，知成都。神宗时，擢参知政事，因反对王安石罢职。有《赵清献集》。为官清廉，任成都转运使，到官时随身只带一琴一鹤。《宋史·赵抃传》记载："帝曰：闻卿匹马入蜀，以一琴一鹤自随；为政简易，亦称是乎！"还记载赵阅道为人"长厚清修，人不见其喜愠"，即喜怒不形于色，可见涵养功夫，或者说做到了"不以物喜，不以己悲"的境界。平生不聚敛财富，不豢养伎乐。赵阅道善于内省，《宋史》记载他"日所为事，入夜必衣冠露香以告于天，不可告，则不敢为也"。

【译文】

到了九月十三日，又起了祈求考中进士的愿心，许诺做善事一万件。后来果然在丙戌年考中进士，并被授为宝坻知县。我准备了一册有空格的本子，题名叫《治心篇》。

早晨起来坐在县衙大堂上，家人带出交给门役，放在案上，所有做过的好事、坏事，再细小的事也不遗漏地记录下来。晚上在院子里摆上桌子，效仿北宋的赵抃那样焚香向上帝禀报。

【点评】

了凡先生命中不能中进士，现在他又发愿要中进士，九月十三日，他又许下善行一万件的愿，希望能求得进士。从癸未年九月十三日这天起，到丙戌年，仅仅三年，了凡先生又高中进士。朝廷派他去京都附近的宝坻县任知县，他原本命中算定要到偏远的四川当一个县长，现在情况都发生了改变。

了凡先生在宝坻县知县任上，也不忘行善。他准备了一本册子，题名为《治心篇》，这是一本时刻检点自己内心善恶、起心动念的记录本。每天早晨起来升堂，家人便将这本册子携带了交给衙役，然后置于他的案头之上，每天所行之善，所犯之恶，一丝一毫都记录在案。每天晚上还要效仿宋代的赵阅道，在自家庭院中设立香案，将一天所做的事情向天帝、鬼神禀报，不敢有丝毫隐瞒。

汝母见所行不多，辄颦蹙曰[①]："我前在家，相助为善，故三千之数得完；今许一万，衙中无事可行，何时得圆满乎？"夜间偶梦见一神人，余言善事难完之故。神曰："只减粮一节，万行俱完矣。"

【注释】

①颦蹙（cù）：皱眉蹙额。形容忧愁不乐。

【译文】

你母亲看到我做的善事不多，就皱眉说："我以前在家里，可以帮助你来做善事；现在你许诺了一万件，但衙门里没有事情可以做，什么时候才能圆满呢？"夜里忽然梦见一个神人，我说善事难以完成的原因。神人说："只减免百姓租子一件事，那一万件善事便已经圆满了。"

【点评】

了凡先生从前没有担任官职时，时间较为充裕，所谓"无案牍之劳形"，可以专心行善，现在公务繁忙，大部分时间都在府衙之内，与社会民生以及日常生活接触不多，所以行善的机缘也就显得少了。他的夫人见了凡先生行善已经大不如从前一般勇猛，面露忧色，因为已经许下一万条善事的大愿，以如此的效率去践行，要到何时才能圆满呢？了凡先生也产生了同样的担心，白天正在焦虑之时，晚上就有了感应。一位神人托梦给他，解其心结。了凡先生对神明讲：自己许下一万条善行的大愿，但是因为公务缠身，没有以前那样充裕的时间专心行善，恐自己于近年无法圆满此愿。神明开示他，说他最近所做的减粮的举措，惠济众生，意义非凡，只此一项义举便可抵一万件善行。

盖宝坻之田，每亩二分三厘七毫。余为区处[①]，减至一分四厘六毫，委有此事，心颇惊疑。适幻余禅师自五台来，余以梦告之，且问此事宜信否？师曰："善心真切，即一行可当万善，况合县减粮，万民受福乎！"吾即捐俸银，请其就五台山斋僧一万而回向之。

【注释】

①区处：处理，筹划安排。原出自《汉书·黄霸传》："鳏寡孤独有死无以葬者，乡部书言，霸具为区处。"

【译文】

因为宝坻的土地，每亩要收租二分三厘七毫。我为此筹划安排，减到了一分四厘六毫，确有此事，但心里却既惊且疑。正好幻余禅师从五台山来，我把这个梦告诉他，并问这件事能否相信？幻余禅师说："如果行善之心真诚恳切，那么一件事便可以当一万件事，何况全县减免钱粮，上万民众受到了福荫呢！"我便立刻捐出俸禄，请幻余禅师就在五台山把斋食施给一万名僧人来回向。

【点评】

原来，由于了凡先生内心慈悲、宅心仁厚，自从他出任宝坻县知县后，便将田赋减少了。前任知县当政时，每亩田按照二分三厘七毫的标准来收取田赋，了凡先生酌情处理，将田赋减至一分四厘六毫。正是因为这样的政绩导致了凡先生一举完成了一万善行的大愿，可以说是从政为官给了凡先生带来如此好的机遇，在这一举措之下，受惠的民众何止一万。但是同时也要看到，如果不勤勉谨慎，在担任父母官的任上，造了恶业其后果也同样是严重和巨大的。

此时适逢一位称作幻余的禅师从五台山来，了凡先生立刻将他梦中的听闻告诉了禅师，征询禅师的意见，判断此事是否可信。禅师告诉他，如果行善之心真诚迫切，一件善行确实可以抵一万件善行。更何况了凡先生在全县减少田赋，利益百姓苍生，使得万民受福。幻余禅师正面肯定了了凡先生的善举。了凡先生随即将自己的俸禄捐献出来，用于五台山斋僧。斋僧就是设食以供僧众。《唐六典》中说："凡国忌日，两京定大寺观各二，散斋。诸道士僧尼，皆集于斋所。"《五代会要》也说："晋天福五年，令每遇国忌，行香之后，斋僧一百人，永为定制。"可见斋僧是有历史渊源的，同时，斋僧更是一项大的功德。

从这一小小举动可以看出，了凡先生能当机立断、慷慨布施，毫无勉为其难之意，更没有半点吝啬和犹疑。所以他是应该受到福报的。

孔公算予五十三岁有厄，余未尝祈寿，是岁竟无恙，今六十九矣。《书》曰："天难谌[①]，命靡常。"又云："惟命不于常。"皆非诳语。吾于是而知，凡称祸福自己求之者，乃圣贤之言；若谓祸福惟天所命，则世俗之论矣。

【注释】

①谌（chén）：相信。

【译文】

孔先生算定我在五十三岁有灾难，我从来没有祈求过寿命，但那一年却也没有病痛，今年已经六十九岁了。《尚书》说："上天难以相信，命运变化不定。"又说："只有命运没有定数。"都不是骗人的话啊。我这才知道，凡是说灾祸、福报应该自己去求的，便是圣人的话；凡是说灾难与福报听天由命的，就是世俗的看法。

【点评】

孔先生算定的是了凡先生在五十三岁上有大厄，寿命将于此时终了。了凡先生只管进德修业，并未向天乞怜，祈愿自己长寿，只是修身以俟之，结果到了这一年竟安然无恙，没有任何疾病灾祸。现在已经又活到六十九岁了，也正在此时，他给儿子写下了《了凡四训》。

《尚书》又称《书》、《书经》，为一部多体裁文献汇编，是中国现存最早的史书。《尚书》记载的内容，上起尧、舜，下至春秋时期的秦穆公，包括了夏、商、周三代。《尚书》对中国古代历史和政治思想的研究有重要作用，是儒家重要经典"四书五经"中的一本。《书经》上说天道难酬，其命不常，定数会变而非恒长。《太上感应篇》中也说："福祸无门，唯人自召。"福祸都是自己行业的果报。这些圣贤之语都是真实不虚的。佛教说："万般将不去，唯有业随身。"业会随着我们，故而应当努力修善因，切勿造恶业。恶业会引我们堕入三恶道，善业会引我们生三善道。

了凡先生从此真正悟到：孔先生以前算定的命运乃是世俗之论，云谷禅师所教授的改造命运之法才是圣贤之言。

汝之命，未知若何？即命当荣显，常作落寞

想；即时当顺利，常作拂逆想[1]；即眼前足食，常作贫窭想[2]；即人相爱敬，常作恐惧想；即家世望重，常作卑下想；即学问颇优，常作浅陋想。

【注释】

①拂逆：违背，不顺。

②贫窭（jù）：穷困。窭，生活困窘。

【译文】

你的命运不知道怎么样？即使是命中注定应该荣华富贵，自己也应该时常有落寞的准备；即使时来运转、一帆风顺，也应该时常做好迎接挫折的准备；即使眼前能够丰衣足食，也要常有安于穷困的准备；即使受人的爱戴与尊敬，也要保持谦虚谨慎、如履薄冰的畏惧之心；即使家族地位清高，也应该时常把自己放在低下的位置上；即使学问优秀，也要时常把自己看作浅陋之人。

【点评】

了凡先生自己被人算定命运，其后发心进德修业，从而改变命运。他儿子的命数现在还没有被人算定，了凡先生劝诫其子，看待人生，应当运用如下的思维方法：纵然命里富贵荣华，飞黄腾达，却要常作落寞之想，因为只有时刻保持谦虚谨慎，才能长保荣显而不致招来祸端。当自己一帆风顺的时候，也要想着许多阻碍和困难，所谓“小心驶得万年船”，谨慎和小心是长久成功的保障。在眼前丰衣足食的时候，要有忧患意识，想着贫苦艰辛的时刻，由俭入奢易，由奢入俭难！“一粥一饭，当思来之不易；半丝半缕，恒念物力维艰”。别人宠爱时，要反思自己什么地方值得别人爱护，这样可以百尺竿头更进一步。家道兴隆之时，要居安思危。学问之道也要谦虚谨慎。山外有山，一山更比一山高。孔子尚能“不耻下问”，认为“三人行，必有我师焉”，何况我辈！《孝经·诸侯章》中有“在上不骄，高而不危。制节谨度，满而不溢。高而不危，所以长守贵也。满而不溢，所以长守富也”，说的也是同样的道理。

远思扬祖宗之德，近思盖父母之愆[①]；上思报国之恩，下思造家之福；外思济人之急，内思闲己之邪[②]。

【注释】

①愆（qiān）：过失，差错，罪过。

②闲：限制，防止。《易·乾卦》：“闲邪存其诚。”

【译文】

往远说，要发扬祖宗之德行，往近说，要掩盖父母的过失；往高说，要报效国家的恩德，往低说，要为家族造福；向外说要在别人困难时周济别人，向内说要防止自己走上邪路。

【点评】

《论语·学而》中曾子曰：“慎终追远，民德归厚矣。”指应当慎重地办理父母丧事，虔诚地祭祀远代祖先。《朱子家训》有“祖宗虽远，祭祀不可不诚”。孝是儒家的基本伦理规范，祭祖是子孙们对祖先表达崇功报德的心意的，中国传统思想中光宗耀祖的思想可谓根深蒂固。这种观念一直以来对读书人是一种激励。所以了凡先生这里告诫儿子往上追溯要想到如何彰显祖先的美好德行。

在生活当中，要能想到怎样妥善地为自己父母的过失遮掩。《论语·子路》记载：叶公语孔子曰："吾党有直躬者，其父攘羊，而子证之。"叶公告诉孔子，他们那里有一个坦白直率的人，父亲偷了羊，他便去告发。孔子则说："吾党之直者异于是：父为子隐，子为父隐，直在其中矣。"父亲违了法，儿子该为其隐护，孔子认为这才是真正的坦白和直率。坦然的为之隐讳，这显示出自真正意义上的勇直，因为中国人崇尚孝悌，维护礼法，反对父子之间互相"检举揭发"，主张仁爱有差等。朱熹曾有解释道："父子相隐，天理人情之至也；故不求为直，而直在其中。"这种"亲亲互隐"的观念乃是儒家亲情伦理的一个重要内容。《孟子·尽心上》也继续有所阐述，他说假如舜的父亲瞽瞍杀了人，舜作为天子和人子该何去何从？孟子认为舜应当先让执法者"执之而已矣"，这是他作为天子的责任所在；然后又当和父亲一起"窃负而逃"，"弃天下犹弃敝蹝"，这样做方可成全人子之道。

对上要想着报效国家，对下要考虑造福自己的家庭。《礼记·大学》："古之欲明明德于天下者，先治其国。欲治其国者，先齐其家。欲齐其家者，先修其身。欲修其身者，先正其心。欲正其心者，先诚其意。欲诚其意者，先致其知。"治国齐家历来是中国知识分子的核心价值。另外，对待他人要想着如何急人之难，对待自己要时刻防止心生妄念，要谨守本分。儒家所说的本是"五伦十义"，五伦者，君臣、父子、夫妇、兄弟、朋友；十义者：父慈、子孝、兄良、弟弟、夫义、妇听、长惠、幼顺、君仁、臣忠。《中庸》里面也说："天下之达道五，所以行之者三。曰：君臣也、父子也、夫妇也、昆弟也、朋友之交也。五者，天下之达道也。知、仁、勇三者，天下之达德也。所以行之者一也。"这是对人的社会伦常的一种规范，要求人们在社会人生中尽到自己的义务。此乃人之本，其他的社会规范都是由此派生出来的，孟子说："君子务本，本立而道生。"

务要日日知非，日日改过；一日不知非，即一日安于自是；一日无过可改，即一日无步可进。天下聪明俊秀不少，所以德不加修，业不加广者，只为因循二字，耽阁一生。云谷禅师所授立命之说，乃至精至邃、至真至正之理①，其熟玩而勉行之②，毋自旷也。

【注释】

①邃（suì）：深远。

②熟玩：认真钻研。

【译文】

一定要每天都知道自己不对的地方，每天都要改正这些地方；一天不知道错误，就会在这一天里安心于自以为是的状态；一天没有过失可以改正，就一天没有进步可言。天下聪明伶俐的人不少，但很多人德行未修，事业不广，就在于"因循"两个字耽搁了他们的一生。云谷禅师所传授的修养性命的学说，是最精妙、最深远、最真切、最正大的真理，你一定要认真钻研并努力实行，不要自己放纵自己。

【点评】

《论语·学而》中曾子曰："吾日三省吾身：为人谋而不忠乎？与朋友交而不信乎？传不习乎？"曾子每天都反省自己替别人办事是否尽心竭力了，同朋友往来是否诚实了，老师传授的学业是否复习了？其反思不可谓之不勤励。人一定要每天认识自己的过错，每天更正自己的过失，一天不检点改正，一天就安于自己的错误的状态，任由其发展和存在，一天不觉得有错误要改正，那么这一天就不可能有进步可言。自以为是是最为危险和可怕的思想。

天下之大，钟灵毓秀、俊彦星驰、聪慧杰出者代不乏人！即使是天赋异禀的人，如果在今后的人生道路上不去修养德性、拓广学问，一味地得过且过，停滞不前，那么终究会为时代和社会所抛弃。宋代王安石曾有《伤仲永》一文，记载了这样一件值得深思的事：神童仲永五岁即能显示出超人的才华，能指物作诗，并且其文理皆非常可观，值得一看。但其父亲并没有抓住机会好好挖掘其潜能并合理培养，而是"日扳仲永环谒于邑人，不使学"。结果到了仲永十二三岁的时候，作诗已经不能和以前传闻的那样相符了，到了快二十岁时，已经是"泯然众人矣"！所以人不可自恃才情出众，而心生傲慢，即使天赋很高，也要勤勉力行，进德修业，这一点有如逆水行舟，知易行难，我们必须克服惰性，勉力而为。

云谷禅师向了凡先生所传授的立命之学，可以说是至真至诚的人生之理，可谓精深而深幽，应当反复的体会玩味，更重要的是在日常生活中，在人生道路上勉励践行，而千万不能自我放逸，疏旷心性。

第二篇　改过之法

春秋诸大夫①，见人言动，亿而谈其祸福②，靡不验者③，《左》、《国》诸记可观也④。大都吉凶之兆，萌乎心而动乎四体，其过于厚者常获福，过于薄者常近祸，俗眼多翳⑤，谓有未定而不可测者。至诚合天，福之将至，观其善而必先知之矣；祸之将至，观其不善而必先知之矣。今欲获福而远祸，未论行善，先须改过。

【注释】

①大夫：官爵名。西周与春秋时由诸侯所分封的贵族为大夫，其封地世袭，封地内的行政由其掌管。

②亿：通“臆”，推测，揣测。《论语·先进》：“亿则屡中。”

③靡：不，无，没有。《史记·外戚世家》：“秦以前尚略矣，其详靡得而记焉。”

④《左》、《国》：《左传》、《国语》。《左传》是《春秋左氏传》的简称，原称《左氏春秋》。相传为春秋末鲁国史官左丘明及其授受者所作，是我国第一部形式完备的编年体史书，主要记述春秋时期各诸侯国的史事及其相互关系。《国语》又名《春秋外传》，作者相传也是春秋末年鲁国左丘明。《国语》是我国最早的一部分国记事史。

⑤翳（yì）：翳子，眼球上生的障蔽视线的膜。也称

"白内障"。

【译文】

春秋时期的士大夫，看到人们的言语、行动，便可以臆测而谈论其灾祸与福报，没有不应验的，所以《左传》、《国语》等书的记载也都很可观。大体上来说，吉凶的预兆，先萌发于内心，然后表现于形体，那些积累很厚的人常常会获得福报，那些积累太薄的人常常接近灾祸，世俗之人的眼睛常常看不到这些，便认为有无法预测的变化存在。一个人的诚心合于天道，那么福报将要来临时，看其人的善行就可以预先知道了；灾祸将要来临时，看其人的恶行也可以预先知道。现在若想要获得福报而远离灾祸，没有说行善之前，必须先改正自己的过错。

【点评】

在第一篇《立命之学》中，了凡先生把他自己改造命运的经过，同他所看到的一些改造命运的人的种种效验告诫他的儿子袁天启，让他明白命运是可以改变的，要自己把握住自己的命运，并要建立改造命运的信心。就具体如何改变命数、建立信心，了凡先生在第二篇《改过之法》中进行了具体的阐述。

春秋时期的士大夫见多识广，经验丰富，见到别人的谈话和举止动作，便能预测其吉凶祸福，无不灵验，小则一个人成功失败，大则能看出国家的兴衰。他们之所以能有这种观察能力，就是因为懂得因果的道理。这在《左传》和《国语》中多有记载。

而吉凶祸福、因果报应的征兆是先萌发于内，而后又自然显现于日常言语行动之间的。这里提出了一个原则。一个人若能为“厚”，即心地淳良，待人厚道，能处处为他人着想，此人必有后福；相反，一个人若为“薄”，即对人刻薄，心胸狭窄，起心动念都为自己的利益，锱铢必较，睚眦必报，则此人定为薄福之人，不日将招致灾祸，即使眼前有福报，也只是他命中的福所显现罢了；即使命中福厚，倘若心行不善，福也会折损消亡。

佛门讲因果报应，即为此理。所谓“因”，亦可称为“因缘”，泛指能产生结果的一切原因，包括事物存在和变化的一切条件。佛教认为世间万物都是因缘而生，“此有故彼有，此无故彼无。此生故彼生，此灭故彼灭”，缘起论是佛教因果思想的理论基础。佛教对“因”的解释有“六因”、“十因”、“四缘”等。所谓“果”，亦称为“果报”，即是从原因而生的一切结果。佛教用业感缘起论解释世间的善恶之报。它认为宇宙间的万事万物的生起，都是由业力感召而成。《佛说十二善业道经》上说：“一切众生，心想异故，造业亦异，由是故有诸趣轮转。”轮转趋向的好坏是由“业”的性质决定的。众生所造之业，按其性质又可分为善、恶和无记业。善业能感召善果，恶业能感召恶果，无计业即非善非恶中性的业，对以后果报不起作用。众生造业必然承受相应果报，概括起来是有漏、无漏二果，有漏是指生死轮回，无漏是指超脱轮回。有漏果是有漏业因所致，有漏业因分善恶两类，善有善报，可在六道轮回中得人、天果报；恶有恶报，只能得畜生、地狱果报。无漏果是无漏善业所致，可成就阿罗汉、菩萨和佛。中国传统儒家经典里也有类似的观点，如《易·坤》中说："积善之家，必有余庆；积不善之家，必有余殃。"但是，儒家的善恶报应说是建立在"天道"观上的，而佛教则不承认宇宙间有任何操纵众生命运的力量存在，众生的生死轮回、善恶报应都是由自己的业力所感召，即如《妙法圣念处经》上说："业果善不善，所作受决定；自作自缠缚，如蚕等无异。"《阿难问事佛吉凶经》说："善恶迫人，如影随形，不可得离，罪福之事，亦皆如是，勿作狐疑，自堕恶道。"佛教的因果学说是缘起而生的，不同于一般的、机械的因果报应论。

如果能符合"至诚合天"的原则，也就能预知祸福。"天"乃是自然之法则，若我们起心动念都能合乎自然的法则，不加丝毫的妄想和分别，凡事心必诚、言必善，则吉凶祸福都是可以推论和想见的了。我们观察一个人，只要看他的行为就可推论出他的报应，如果都是善行，那么可以预知他的福报将会来临；相反，观察一个人的行为，都是恶行，则可知他的祸端也就要来了。所以，我们要了解将来的吉凶祸福，乃至自己这一生的顺逆，都应当从我们起心动念、言语造作处去反省和思虑。

中国儒家的传统注重一个"诚"字。东汉许慎在《说文解字》中指出"诚"和"信"可以互训："诚者，信也。从言，成声。""信者，诚也。""诚"是指"天人合一"，是天与人之间的互动。"诚"也是"真实无妄"和"诚实无欺"。说他"真实无妄"，乃在于"诚"是客观存在之实理，不仅是天之道，而且亦存在于人性之中，故而人应当保存自有本性，如其本来所是，勿起任何私心杂念。北宋著名思想家张载说：“诚则实也，太虚者天之实也。”“天所以长久不已之道，乃所谓诚。”北宋理学家二程（程颢、程颐）说：“无妄之谓诚。”程颐的弟子吕大林解释道：“信哉实有其理，故实有是物；实有是物，故实有是用；实有是用，故实有是心；实有是心，故实有是事。故曰诚者实理也。”而所谓“诚实无欺”，是指人要真实地对待自己和他人，既要表里如一，不失其本心，又不欺骗他人。《大学》有云：“所谓诚其意者，毋自欺也。”朱熹说：“诚，实理也，亦诚实也。有汉以来，专亦诚实言诚，至程子乃以实理言，后学皆弃诚实之说不观。《中庸》亦由言实理为诚处，亦有言诚实为诚处。不可只以实为诚，而以诚实为非诚也。”

此第一段讲的就是“改过之因”。吉凶祸福先有预兆，无论个人、家庭、国家，都是有预兆的。佛经里常常说阿罗汉能知过去五百世、未来五百世，这是每一个众生的本能。而现在能力丧失了，就是因为心乱了，被迷惑了，所以要把心上的障碍去掉，恢复心地的清净。避祸纳福乃人之常情，而“福”是从“行善”来的，若不消除业障，也不容易得到福。消除业障，就要从修清净心开始。所以，在没有谈行善积德之前，先须改过，将自己的心地真正做一番洗刷功夫。若不能彻底改过，纵然修善了，也会使得善中夹杂着恶，其功难显。因此，改过是积善的先决条件。

但改过者，第一，要发耻心。思古之圣贤，与我同为丈夫，彼何以百世可师？我何以一身瓦裂？

耽染尘情[1]，私行不义，谓人不知，傲然无愧，将日沦于禽兽而不自知矣；世之可羞可耻者，莫大乎此。孟子曰："耻之于人大矣。"以其得之则圣贤，失之则禽兽耳。此改过之要机也。

【注释】

①耽：沉溺，过度喜好。《韩非子·十过》："耽于女乐，不顾国政，则亡国之祸也。"

【译文】

凡是要改正过错的人，第一，要生发出羞耻之心。想想古时候的大圣大贤，与我同样为七尺丈夫，他们为什么可以成为千秋万代师法的榜样？我为什么像瓦裂开一样失败？沉溺于世俗的情感，暗中做出不义的事，以为没有人知道，还抬头挺胸，没有愧色，天天如此，渐渐沦落到禽兽的地位自己却并不知道；世上最让人感到羞耻的事，没有比这更大的了。孟子说："羞耻之心对人来说是一件大事。"就因为有此羞耻之心就可以成为圣贤，没有就可能成为禽兽。这是改正过错的关键。

【点评】

改过之法，第一是要有羞耻心。羞耻心是改造命运的开端和关键，也是改造命运的动力。了凡先生反问自己：想想古时候的圣贤，与我同样为七尺丈夫，为什么他们能做到为百世所效法，而我为何一事无成？了凡先生的优点即在于他对于自己的过失，丝毫都不隐瞒，能正确地去看待。他把自己的过失总结为：第一，沉溺于世俗感情。佛法告诉我们要远离五欲六尘，五欲即指财、色、名、食、睡五种欲望，六尘即指色尘、声尘、香尘、味尘、触尘、法尘。这五欲六尘能使我们在心里涌现好、坏、美、丑、高、下、贵、贱等分别妄想，能衍生种种执着或烦恼，能令善心衰减，从而污染清净之心。所以，每天生活在五欲六尘中的人们，应当时时返观自省，放下尘情，恢复自性清净。

了凡先生所说的第二个过失为：偷偷作出不义之事，还以为别人不知道，面无愧色，一天天沦为禽兽，自己却毫无察觉和意识。即自己还缺乏"知耻之心"。中国古代圣贤十分重视"知耻"。孔子曾说："行己有耻，使于四方，不辱君命，可谓士矣。"又说："好学近乎知，力行近乎仁，知耻近乎勇。"孟子说："人不可以无耻，无耻之耻，无耻矣。"又说："耻之于人大矣。"人活在世上，从积极方面说要"立志"，从消极方面说要"知耻"。从伦理学意义上看，耻，是对人的道德行为的一种社会评价，是人们对那些不履行自己的义务、损害他人与集体利益、违背社会公德和违反国家法律，有损国格等行为的批评与谴责，是社会对自我道德行为的贬斥和否定。知耻，是人对这种行为的羞耻之心、羞耻之感，是人们基于一定社会认可的是非观、善恶观、荣辱观而产生的自觉的求荣免辱之心，是一种人们为维护自身尊严强烈的道德上的反省和自律。人们以这种羞耻感来鞭挞自己，克服缺点，修正错误。羞耻心是人类情绪之精华，正是因为有了羞耻心的存在，才阻止了人类免于堕落，进而促进人类积极向上。由此可见，羞耻感是道德主体实施道德行为的情感基础，道德主体以此来导引自己的行为，取荣舍辱，以获得社会的认同。我们在学习、工作中，一旦落后，要能知耻；倘若做昧了良心、违背仁义的事，也要知耻；自己、集体、国家若受到侮辱，更要知耻。这样，知耻就能给人上进的力量，能让人更清楚地看待自身和周遭的世界。我们应当把无羞耻之心看作是人生最大的耻辱，那样就能落实于行动上，知过必改，受辱必雪，也就不会有自取其辱的事了。

第二，要发畏心。天地在上，鬼神难欺，吾虽过在隐微①，而天地鬼神，实鉴临之②，重则降之百殃，轻则损其现福，吾何可以不惧？

【注释】

①隐微：隐蔽不显露。

②鉴临：审察，监视，如明镜照临。

【译文】

第二，要生发畏惧之心。天地在上，鬼神难以欺骗，我们的过错虽然很隐蔽，但天地鬼神其实都在仿佛用明镜照着一样清楚，过失重的话就会降下各种灾祸，轻的话也会损害现在的福报，我们怎么能不畏惧呢？

【点评】

改过之法，第二是要发畏心。“畏”是害怕之意，且含有恭敬的意味。《论语》中云：“君子有三畏：畏天命；畏大人；畏圣人之言。小人不知天命而不畏也，狎大人，侮圣人之言。”君子敬畏天命，敬畏处于高位的人，更敬畏圣人的言语；而小人不知天命而不畏，不尊重在上位的人，蔑视圣人的话。“畏”的情绪是对个体自身良知的呼唤的一种表现。“良知”是人类所固有的判断是非善恶的本能，同时也是一切高尚行为诸如“人道、博爱、奉献”等的伦理学基石。知道畏惧，就是能够感应良知，明白什么该做，什么不该做，这样才能产生诚敬之心。在现实生活中，每一个人对于父母、老师或是尊长，皆应有敬畏之心，既敬爱又害怕。正因为有“畏”，才会言行举止三思而后行，使之符合于“应当”。

了凡先生言道，天地在上，鬼神难欺。人们认为自己是在暗地里犯下的过错，可是天地鬼神全部能够明察秋毫，重者会降下各种祸殃，轻微者也会减损其现世的福泽，怎么能够不害怕呢？就是说，我们纵使是在很隐秘的地方，没有人看到的地方，做一点小小的过失，天地鬼神也能够看得清清楚楚，并给以惩罚。其实用因果缘起的思想来看，起心动念及所为，它们产生的后果，“如影随形”，不会因外人看不看得到或个人意愿而改变或消失。在我国古代，就有上天崇拜、祖先崇拜等思想，把“天”、“帝”看作是外在于人、支配人、控制人的力量，并对世人赏善罚恶，从而使人生起敬畏心。早在殷商时代，上帝在人们心中就有很大的权威，它既是风雪雨露、打雷闪电等自然现象的主宰，又是世间人事祸福、成败吉凶的支配者。《卜辞通纂》中记载：“今二月帝不令雨”、“帝降其谨”，《汤诰》曰：“天道福善祸淫”；西周时期，人们更多地用“天”去称至上神，赋予“天”更大的权威，《泰誓》说：“惟天惠民”、“天矜于民，民之所欲，天必从之”。随着历史的发展，这一观念逐渐渗透在中国人的思想中，形成一种传统观念。

不惟此也。闲居之地，指视昭然；吾虽掩之甚密，文之甚巧[1]，而肺肝早露，终难自欺；被人觑破，不值一文矣，乌得不懔懔[2]？

【注释】

①文：掩饰，修饰。

②懔懔：危惧的样子。韩愈《落齿》：“每一将落时，懔懔恒在已。”

【译文】

不只这些。在自己独居的地方，神明也看得清清楚楚；我们虽然可能遮掩得很严密，文饰得很巧妙，其实五脏六腑早就暴露，最终难以自己欺骗自己；被人看破的时候，便一文不值了，怎么能不懔然而惧呢？

【点评】

上一段了凡先生讲在一般情境下，人们的行为有天地鬼神的鉴察。而这一段说：在私室独居之时，神明也无所不在，即使百般遮掩，巧加掩饰，丑恶的心思也会露出破绽，难以自欺欺人；倘若被别人识破，那就是一文不值了，所以我们怎能不敬畏神明？即使在独处的情况下，也不放松自己，而要如同在大庭广众之下、众目睽睽之中，时时刻刻检点自己、谨慎谦虚。

鬼神是否真的存在？姑且不论，了凡先生只是想借用天地鬼神，使人们在内心隐蔽细微处，能有所“畏”之物。这样即使在一人独处之时，亦能恪守做人的道德原则，这才符合儒家所说的“慎独”的功夫。《中庸》有云：“天命之谓性，率性之谓道，修道之谓教。道也者，不可须臾离也，可离非道也。是故君子戒慎乎其所不睹，恐惧乎其所不闻。莫见乎隐，莫显乎微，故君子慎其独也。”朱熹解释道：“是以君子既常戒慎，而于此尤加谨焉，所以遏人欲于将萌，而不使其潜滋暗长于隐微之中，以致离道之远也。”伦理学中也将“慎独”列为一个重要的修养方法：其一，“慎独”是“须臾不离道”的，即它不是外在强加的要求和规范，而是从人的“天命之性”中内化出来的，强调道德主体的自觉；其二，“慎独”强调“戒慎”，尤其是在“隐”处下功夫，哪怕只有天知地知，行为主体也能高度自觉地规范自己。所以，慎独是一种无时不在、无时不有的道德自觉和自由，它能使人坚持自己的道德信念，自觉按道德要求行事，不会由于无人监督而肆意妄行，从而它最能显示一个人的真实灵魂，真正使道德修养成为自我的内在要求，从而达到理想的道德境界。

不惟是也。一息尚存，弥天之恶[①]，犹可悔改；古人有一生作恶，临死悔悟，发一善念，遂得善终者。谓一念猛厉[②]，足以涤百年之恶也。譬如千年幽谷，一灯才照，则千年之暗俱除；故过不论久近，惟以改为贵。但尘世无常，肉身易殒，一息不属，欲改无由矣。明则千百年担负恶名，虽孝子慈孙，不能洗涤；幽则千百劫沉沦狱报，虽圣贤佛菩萨，不能援引。乌得不畏？

【注释】

①弥天：满天，极言其大。

②猛厉：犹“猛烈”。气势盛，力量大。

【译文】

不只这些。如果还有一口气在，就是罪恶滔天，还可以悔改；古代有人一生做尽坏事，在临死时突然悔悟，生发出一个行善的念头，便得到善终。这是说一个念头的猛烈，就足以洗涤一生的恶行。就好比千年无光的小山谷，用一盏灯一照，那么千年的黑暗就都被驱散了；所以过错不论新旧，只以能改正为贵。只是人世无常，生命易逝，万一哪天一口气没了，想要改正也没有办法了。在阳间就会千百年担负着恶的名声，即使有孝顺的子孙，也无法代他洗涤干净；而在阴间则在千万代中沉沦于地狱，即使有大圣大贤、佛祖菩萨，也没有办法援救。这能不让人畏惧吗？

【点评】

了凡先生说一个人只要活在世上，即使犯了弥天大罪，也都是可以悔悟和改正的。古时候有的人一生作恶多端，临死时能幡然悔悟，心中萌发善念，便可得到善终，这种强烈的善念，足以洗去百年罪恶。这样的事例我们看到过许多。在《净土圣贤录》、《往生传》中，都记载了一个叫张善和的人，他这一生中没有遇到善缘，做了一个屠夫，以杀牛为业，一生不晓得杀了多少头牛，造了很重的恶业；临终的时候，他见到许多的牛头人来跟他讨命，但他神志清楚，不迷惑，还大叫："许多牛头人给我讨命了。"刚好有一个出家人从他门口经过，听到里面喊救命，喊好多牛头人出现了，心里就明白了，给他点了一把香，叫他手拿着，念阿弥陀佛，一心求生西方极乐世界。他照着做了，不过一会儿，他说牛头人不见了，之后，含笑而终。这个时候因为他将死了，他看到牛头人来要命了，所以他的心恳切，真诚，一心系念善号，激发出他以往积累的善缘，从而得以善终。在《观无量寿经》中讲了古印度的阿阇世王，他杀父亲、害母亲，破和合僧，无恶不作，在临终时，真正忏悔了，得以罪障消除，心意清净。在《楞严经》上，佛告诉我们，虚空法界国土众生原本是一体的，因此，极大的罪恶只要回头，所谓"回头是岸"。了凡先生在这里作了个类比，把人所犯的罪恶比作"千年幽谷"，把善念、智慧、觉醒比作"灯"，慧灯一照便可驱除千年的愚昧黑暗，善念一出便可化解百年的罪恶。释迦牟尼佛说，他有两个弟子：一个是从不犯错误的人，一个是知错便改的人，所以，肯改、能改是难能可贵的。

当然，也绝对不能滑向另外一端，即存有侥幸心理，认为即使一生恶，待临终时发心忏悔也是来得及的。我们说"人命在呼吸之间"，世间无常，国土危脆。尘俗世界多变，人生无常，血肉之躯容易消亡，一口气接不上来，想要改过也来不及了。所以，一念觉、一念智慧是非常可贵的。一方面，如果造作恶业太多，千百年来都会背上恶名，即使孝子贤孙也难以替他洗刷罪名。另一方面，若恶行太多，必定会遭到千百劫受苦受难的恶报，这个恶报不是阎罗王制定的，自作自受，就是神通广大的圣贤、佛祖、菩萨也不能帮助他超脱。

第三，须发勇心。人不改过，多是因循退缩[①]；吾须奋然振作，不用迟疑，不烦等待。小者如芒刺在肉，速与抉剔[②]；大者如毒蛇啮指，速与斩除，无丝毫凝滞。此风雷之所以为益也[③]。

【注释】

①因循：流连，徘徊。

②抉剔：搜求挑取。

③此风雷之所以为益也：《易·益》："风雷，益；君子以见善则迁，有过则改。"意思是说：风雷相助，象征增益。君子因此看见善行就倾心向往，有了过失就迅速改正。益卦下卦震为雷，上卦巽为风。风骤则雷迅，雷激则风烈，雷和风互相助益，故卦名益。同时，卦中巽阴居上，震阳居下，巽在上柔顺而不违雷震之刚，故有损上益下的意义。下为上之本，益下则本固，使上也得到巩固。

【译文】

第三，一定要生发勇敢之心。人们不愿意去改正过错，大多是由于拖沓和畏难退缩的缘故；我们一定要发奋振作，不要迟疑，不要等待。小的过错就像肉里有刺，要赶快剔除；大的过错就像被毒蛇咬了指头，要赶快斩断手指，不能有丝毫迟疑。这就是《易》里说“像风雷一样快，就会有益”的原因。

【点评】

改过之法，第三是要发勇心。

了凡先生认为，人们不能改掉自身的过错，多数是由于拖沓和畏难退缩的缘故，因此必须发奋振作，当机立断，不可优柔寡断，不可消极等待。罪过这东西，小的像钻进肉中的芒刺，应该尽快剔除；大的像手指被毒蛇咬啮，为防止毒汁扩散，应当赶紧斩断手指，不能有丝毫迟疑。《论语》有云：“君子不重，则不威；学则不固。主忠信。无友不如己者。过，则勿惮改。”“君子之过也，如日月之食焉。过也，人皆见之；更也，人皆仰之”。有了过失就应当及时改正，不可因畏难而苟安。二程（程颐、程颢）也曾说：“学问之道无他也，知其不善，则速改以从善而已。”

具是三心，则有过斯改，如春冰遇日，何患不消乎？然人之过，有从事上改者，有从理上改者，有从心上改者；工夫不同，效验亦异。如前日杀生，今戒不杀；前日怒詈[①]，今戒不怒：此就其事而改之者也。强制于外，其难百倍，且病根终在，东灭西生，非究竟廓然之道也。

【注释】

①詈（lì）：骂。

【译文】

如果拥有了羞耻之心、畏惧之心和勇敢之心，那么有过错就可以立刻改正，就好像春天的冰遇到了太阳，还害怕不会消解吗？然而，人的过错，有从事情本身改正的，也有从情理上改正的，还有从心理上改正的，改正的方式不同，取得的效果也有差异。比如前一天犯了杀生之戒，今天不再杀生；前一天犯了生气骂人之戒，今天不再生气：这就是从事情本身来改正的。这种方式是从外面进行强制，所以会有百倍的难度，而且引发过错的根源始终存在，消灭了东边的，西边却又发生了，终究不是彻底根除过错的方式。

【点评】

知耻心、敬畏心、勇猛心，是了凡先生所提出的改过的三个步骤。知耻是“惭心所”，是从内心里觉悟，是开悟自觉；畏惧是“愧心所”，是外力的加持，使人不敢胡作非为。《百法明门》里有一个善法就是“惭愧”，人若能有惭愧心，必定有所成就。具足惭愧，才产生出勇猛心来改过。具备了这“三心”，就能智慧增长、业障消除了。

了凡先生指出发“耻、畏、勇”三心为改过之因之后，继续指出改过之法，即示“事、理、心”三路。就是说，人们对于所犯过失的改正，遵循的路径是不同的，有从事情本身进行纠正的，有从情理上加以纠正的，有从心灵上加以纠正的。不同的改正方式所需要下的功夫不一样，所取得的效果也大不相同。

首先，从事相上改。比如有个人前天杀害了生灵，现在不再杀生；前天生气骂人，现在不再发怒，这就是从事情本身进行纠正。这种改过方式主要是从外部采取强制性手段，所以困难比较大，而且导致错误的根源始终存在，这一方面的过失没有了，那一方面的问题又会产生，因此，从事相上改，不是彻底根除过失的好方法，即所谓的“治标不治本”。

善改过者，未禁其事，先明其理。如过在杀生，即思曰：上帝好生，物皆恋命，杀彼养己，岂能自安？且彼之杀也，既受屠割，复入鼎镬[1]，种种痛苦，彻入骨髓；己之养也，珍膏罗列，食过即空，疏食菜羹，尽可充腹，何必戕彼之生[2]，损己之福哉？又思血气之属，皆含灵知，既有灵知，皆我一体；纵不能躬修至德，使之尊我亲我，岂可日戕物命，使之仇我憾我于无穷也？一思及此，将有对食痛心，不能下咽者矣。

【注释】

①鼎镬（huò）：烹饪器具，古代酷刑用鼎镬煮人。镬，似大鼎而无足。

②戕（qiāng）：杀害，残杀。

【译文】

善于改正过错的人，没有在事情本身上改正之前，会先弄清楚其中的情理。比如有了杀生的过错，就会想到：上帝喜欢生育万物，万物都会眷恋生命，杀了别的生命来养活自己，自己怎么能够安心？而且这种杀生是既要受到屠宰刀割的痛苦，还要再被放进锅里水煮油煎，各种痛苦，都深入骨髓；要养活自己，山珍海味，吃过也就完了，这样的话，五谷蔬菜都可以充饥，又何必残害别的生命，来减损自己的福报呢？又要想到那些有血有肉的生物，都有灵性与知觉，既然有灵性和知觉，也都与我是一体的；纵使不能自己修成至美的品德，让它们尊敬我、亲近我，但怎么可以每天都残害它们的生命，让它们永远地仇视我、怨恨我呢？一想到这里，就会面对这样的食品而感到痛心，难以下咽了。

【点评】

善于改正过失的人，在没有从行为上改正以前，就先弄清楚其中的道理了。从事相上改只是就事论事，只是对自己所做的事进行悔悟；而从明理上改，则能在未动之前就主动地去思考自己的行为可能产生的后果，从而遏制自己的行为。

了凡先生在这里举了个例子，他说：比如有改正杀生的过失，就在心里想：上天爱惜生灵，万物都有求生的本能，杀害别的生命来养活自己，怎么能心安呢？而且这些生灵在被杀的时候，先遭受宰割，然后被水煮油煎，所受的种种痛苦，难以想象；自己在享用这些东西的时候，哪怕是山珍海味，吃过就完了。谷米蔬菜完全可以充饥，何必要杀害别的生命，减损自己的福泽呢！还可想到，这些生灵也都是靠血气维持生命，都有灵性，既然它们都有灵性，就与人同属一类，那么即使不能修成美好的品德，使它们尊敬我们、亲近我们，也不应该残害它们的生命，使它们的灵知永远怨恨我们呀。一想到这一层，就有可能面对肉食黯然伤心，难以下咽。

了凡先生所举的例子与佛教反对杀生的主张是相一致的。佛教的爱不仅在于人间，而且被及一切有生之物，大者至于禽兽，小者及于显微镜下的微生物，甚至涉及无情草木。佛教还把不杀生列为戒律的第一条，在佛教徒看来，众生同为血肉之躯，贪生恶死，与我相同，快我口腹，彼苦甚剧而我乐无限，于心何忍？

了凡先生在这里所说的从情理上改正过失，与佛教徒的“理忏”的忏悔方式有相似之处。浅意上讲，理忏就是自己做错事后，不是就事论事，而是追根究底，探寻做错事的深层原因，从而找到从根本上避免再次犯错误的方法。深层讲，就是所谓：“罪从心起将心忏，心若无时罪也亡。”就是自性忏悔，挖到一切罪恶的本源。如出家人所受的三皈五戒等，虽然表面上名目繁多，实质总归于我们的意（心）根。《全真正韵·三宝词》云：“皈命礼道（经、师）宝。……忏除身（心、口）业障，是故皈依，长福消灾障。”如果意根清净，则身口二业障自然清净；如果意根不清净，身口二业障则难以清净。因此，不管是修行还是为人处世，都不能只就事论事，而要把握更内在的道理。这样才能建立起一个完善的品格，使内心获得安宁。

如前日好怒，必思曰：人有不及，情所宜矜[1]；悖理相干，于我何与？本无可怒者。又思天下无自是之豪杰，亦无尤人之学问；有不得，皆己之德未修，感未至也。吾悉以自反，则谤毁之来，皆磨炼玉成之地[2]；我将欢然受赐，何怒之有？

【注释】

①矜：怜悯，同情。《春秋公羊传·宣公十五年》："吾闻之，君子见人之厄则矜之。"

②玉成：成全，帮助使成功。

【译文】

再如前一天发怒了，就一定会想：人们有不足之处，从情理上说也值得怜悯；如果违背情理而互相争气，对自己又有什么好处呢？这本来也没有什么可以生气的。又想天下没有自己称赞自己的英雄豪杰，也没有专门指责别人的学问；如果有得不到的，那都是自己的德行没有修炼好，不能感化别人。我要完全地自我反省，那么当别人诋毁诽谤自己的时候，都是对自己磨炼与考验的时机；我应该高兴地接受这一恩赐，又有什么生气的呢？

【点评】

了凡先生又继续说道：假如以前喜欢发怒，必定要想：别人也有不足之处，从情理上来说值得怜悯，假如违背情理相互争执，对自己又有什么好处呢？这样就不会生气了。又可想到天下没有自封的英雄豪杰，也没有人会成心寻别人的不是。行事不顺利，说明自己的德行不够圆满，功夫没有下到。应当彻底自我反省，这样一来，当别人诋毁自己时，就好比是对自己的最好的磨炼和考验，正好愉快地接受，又何必发怒呢？

在这里，了凡先生指出了面对别人的过失或者错误时应有的态度。概括起来，有这样两点：

第一，从情理上分析，理解并原谅别人。

当看到别人的过失或错误时，我们有时确实不能够忍受，但是，仅仅是这样的态度也是于事无补的。应该想想：他们为什么会有这样的行为？《无量寿经》说："先人不善，不识道德，无有语者，殊无怪也。"这是因为他的长辈、父母不懂仁义道德，没有好好地教导他，所以他才会犯错误。佛说得多温和啊！所以，《观无量寿经》上说："佛心者大慈悲是。"佛教的慈悲观中，慈是给人以快乐，悲是解除人们的痛苦，"慈"与"悲"合起来即是"拔苦与乐"。《大智度论》上说："大慈与一切众生乐，大悲拔一切众生苦，大慈以喜乐因缘与众生，大悲以离苦因缘与众生。"佛教慈悲观的内容分为利他和平等两个方面。佛教利他主义的道德意识是以缘起论为出发点的，"缘起"即"诸法由因缘而起"，也就是说，一切事物或一切现象的产生和消灭，都是由于相对的互存关系和条件所决定的，佛是一位彻底的觉悟者，深察明了一切因缘，度尽内在与外在的众生。佛教徒既然以成佛为人生的最高目标，就应该利乐一切众生、救济一切众生，对一切众生伸出慈爱之手；另外，佛教慈悲观还强调平等博爱，佛教的爱，被及一切有情无情，因为在佛教看来，一切人类与众生同具佛性，都有觉悟实相的可能，一律平等。正如竺道生在《法华经疏》中说："一切众生，莫不是佛，亦皆泥洹。"众生万物各各一如，从如而来，是名如来，"如来者，万法虽殊，一如是同"。《入楞伽经》上说："我观众生轮回六道，同在生死，共相生育，迭为父母兄弟姐妹，若男若女，中表内外，六亲眷属。"有了这种兼利他和平等的慈悲之心，在面对别人的过失时，就会更加地平静和理性了。

第二，自省。

在行事不顺利时，正确的态度是进行自我反省，对自己的内心进行省察和考量。所谓"未能自度，而能度人，无有是处"。只有不断完善自身，提高自己的德性，才能够感化别人。

从伦理学的角度来看，自省亦即内省、反省，就是自己察看自己、自己审视自己、自己检查自己。它是一种道德修养方法，是一个人对自己的品行是否合乎道德的自我检查，因此，是人类所特有的现象。《论语》中记载曾子之自省为："吾日三省吾身：为人谋而不忠乎？与朋友交而不信乎？传不习乎？"历代儒家都十分重视自省，胡宏甚至说："自反者，修身之本也。"通过自省，可以使自己知道自己的道德认识、道德感情和道德意志的道德价值的实际情况；知道自己有哪些不道德的恶的品行和哪些道德的善的品行；知道自己实际上是不是一个有美德的人。因此，自己就对自己有更加客观的判断，知道自己的善恶品德在哪些方面，从而有的放矢地去改正和完善。所以，自省是一个人的品德形成和修养的依据与基础，是培养个人道德认识、个人道德感情和个人道德意志的综合道德修养方法。

那么，应当怎样自省呢？孔子将其方法归结为“自讼”，亦即自己与自己打官司：“子曰：‘已矣乎！吾未见能见其过而内自讼者也。’”英国学者亚当·斯密则相当详尽地阐发了道德自省的这种方法：“当我竭力审查我自己的行为的时候，当我竭力对其作出判断从而赞许或谴责这些行为的时候，显而易见，在所有这样的场合，我自己仿佛分成两个人：一个我是审查者和评判者，扮演和另一个我——被审查和被评判者——不同的角色。第一个我是旁观者，当我从旁观者的眼光来观察自己的行为时，我通过设身处地想想他将有的情感，从而努力使自己具有他评价我行为时的情感。第二个我是当事人，恰当地说就是我自己，对其行为我努力以旁观者的身份进行评论。”只有擅于自省、自讼的人，才是一个能正视自己的人，能自己把握自己的人，才能使自己的生活有明确的方向并为之付出努力，也才能够感染身边的人共同进步。

又闻而不怒，虽谗焰熏天，如举火焚空，终将自息；闻谤而怒，虽巧心力辩，如春蚕作茧，自取缠绵[①]。怒不惟无益，且有害也。其余种种过恶，皆当据理思之。此理既明，过将自止。

【注释】

①缠绵：缠绕，束缚。

【译文】

再者来说，听到诽谤的话却不生气，就算谗言如烈焰熏天，也不过像举着大火去烧天空一样，最终不过是自己熄灭；听到诽谤就生气，就算有慧心巧舌来努力辩白，也不过像春蚕一样作茧自缚，自寻烦恼。可见生气不但没有一点好处，而且还十分有害。其他的种种过错，也都应该根据情理来思考。道理想清楚了，过错也就会自然改正了。

【点评】

假如我们听到诽谤的话，要能做到充耳不闻。任由进谗之人如何巧言令色，也不起心动念，心中不起一丝涟漪。那么飞短流长即使汹涌得如同冲天的火焰一样燃烧，也终将在空中渐渐熄灭、自我焚尽。假如我们听到诽谤的话，就立刻怒发冲冠，即使极力辩解安慰，也终究如同春蚕吐丝，作茧自缚，自寻烦恼。可见，发怒不但百无益处，而且十分有害。其他种种过失，道理也是一样，都应当根据情理平心静气地思考，道理一旦明白开悟，身上的过错自然就能随之改掉。

了凡先生以前脾气是不太好的，遇到有人憎恨、毁谤他时，无法接受，睚眦必报；而现在则是不同于往昔，逐渐能够心胸放开、宽厚容忍了。

这也体现了佛教关于处理人我是非的关系上的一个重要的规范：“忍辱”。“八风不动心，无忧无污染”，利衰、毁誉、称讥、苦乐八风，都不能改变事物本来的状况，所以，心没必要为之所动生起喜怒哀乐之情。

以上几段，就是了凡先生所论述的从情理的角度去改过。概括而言，就是不可妄动，“三思而后行”，这对我们今天的生活也有很实际的指导意义。

何谓从心而改？过有千端，惟心所造；吾心不动，过安从生？学者于好色、好名、好货、好怒，种种诸过，不必逐类寻求，但当一心为善，正念现前，邪念自然污染不上。如太阳当空，魍魉潜消[①]，此精一之真传也[②]。过由心造，亦由心改，如斩毒树，直断其根，奚必枝枝而伐，叶叶而摘哉？

【注释】

①魍魉（wǎngliǎng）：中国古代神话传说中山川的精怪或江河之鬼。也有称影子外层的淡影为魍魉的。

②精一：指精粹纯一。出《尚书·大禹谟》："惟精惟一，久执厥中。"

【译文】

什么叫从心理上改正过错呢？人的过错有千千万万，但都起源于人的内心；我的心如果没有动过错误的念头，过错如何能生发呢？学者们对于好色、求名、求利、易怒等等过错，不必每种都去考查戒除的办法，只需要一心一意地行善，光明正大的念头在眼前，那些邪念就自然污染不了你。就好像太阳当空，魑魅魍魉都暗中消散一样，这就是精粹纯一的真传。过错是由心来生发的，也可以由心来改正，就好像伐除毒树，直接斩断它的根，又何必一枝一枝地剪伐、一叶一叶地摘除呢？

【点评】

什么叫从心灵上加以纠正呢？了凡先生说，过失虽然是多种多样的，却都起源于人的内心，如果心念不曾乱过，又怎么能犯下过错呢？

中国有句古话说“相由心生，相随心改”。《般若经》五百六十八卷中说：“一切法，心为善导，若能知心，悉知众法，种种世法皆由心。”《华严经》又说：“应观法界性——就是十法界依正庄严，性就是本体，体即是心，——一切惟心所造。”所以，对于当今的文人学士对待自身存在的徒好虚名、贪慕财利、动辄发怒等问题，了凡先生认为，他们不必煞费苦心一项项地去探求克服戒除的办法，只要一心一意培养善良之心地，只想着多行善事、造福他人，那么，这种光明正大的心念就会主导人的身心，邪僻的念头自然就无法乘虚而入。这就好比炽烈的太阳高挂晴空，一时间，魑魅魍魉自然就瞬间消失，而这便是扶正祛邪的关键所在。唐朝中叶的百丈怀海禅师说：“对五欲八风，不被见闻觉知所缚，不被诸境所惑，自然具足神通妙用，是解脱人，对一切境心无静乱，不摄不散，透一切声色，无有滞碍，名为道人。”总之，恶由心念引起，也将由心念来加以改正，就好比斩伐有毒的大树，最好的办法是连根砍断，没有必要拘泥于一个枝条一个枝条地去修剪，一个叶片一个叶片地去摘除。

大抵最上治心，当下清净；才动即觉，觉之即无；苟未能然，须明理以遣之；又未能然，须随事以禁之。以上事而兼行下功，未为失策；执下而昧上，则拙矣。

【译文】

大体来说，改正过错最上之策是调治内心，这样便可以立刻达到清净的境界；念头一动就会觉察，一觉察到念头就消失了；如果做不到这一点，便应该用明察情理来改正；再做不到的话，就必须针对具体的事情来警戒自己。如果实行上等的方式但兼顾次一等的成效，还不算失策；如果固执地使用下等的方式却对上策一无所知，那就是顽冥不化了。

【点评】

综上所述，改正过错的最佳方法是调治内心，可以立即收效。刚一萌生邪念就有所察觉，刚一察觉就立刻扑灭，如此就不会犯下过错了；假如做不到这一点，就应该退而求其次，在想清楚道理之后对错误加以改正；再做不到的话，就应当针对具体的事情加以改正。应当注意的是，在运用高明的办法改过时，如果顺便兼顾次一等的改过方式，也未为不可；而如果只知道通过低级的办法来改过，对根本性的办法一无所知，那就是愚顽不化了。

在这一段中，了凡先生告诉我们改过要从根本的方式抓起。《论语》有云："君子务本，本立而道生。"在这里，了凡先生所说的"本"，即"心"，在心念发动处下功夫，才能从根本上止恶，所谓"不怕念起，只怕觉迟"。我国明朝中叶的王阳明也有类似的思想主张。王阳明所说的"心"，是知觉之心，它以良知为本体，在知与行的关系上，强调"知行合一"和"致良知"，其根本宗旨就是"一念发动处克倒私欲"，他说："良知不由见闻而有，而见闻莫非良知之用。良知是学问大头脑，是圣人第一义，近云专求见闻之末，是失却头脑已落于第二义。”由耳、目、鼻、口、四肢追求色、声、味和心追求名利引起的都是邪念，若把知行分为两件，一念发动虽有不善也不去禁止，其实邪念发动已经是行之始，这样就不能做到非礼勿视、非礼勿听、非礼勿言、非礼勿动，要使视听言动都符合“礼”，就应按照“知行合一”的宗旨，对欲念进行自觉的控制，在一念发动处，将不善的念克倒了，从而恢复良知本体的善。

当然，了凡先生也没有苛责世人，毕竟每个人的道德水平和觉悟的程度不同，但是，他认为即使不能够从“心”上改之，也一定要从“理”或“事”上改，绝对不能忽视真相，逃避过错。这三种改过的方法，就是佛家讲的三种不同根性，上根的人从根本下手，从起心动念处断一切恶；中等根性的人，用“明理以遣之”；下根之人，只有“随事以禁之”。

顾发愿改过，明须良朋提醒，幽须鬼神证明。一心忏悔，昼夜不懈，经一七、二七，以至一月、二月、三月，必有效验。或觉心神恬旷；或觉智慧顿开；或处冗沓而触念皆通；或遇怨仇而回嗔作喜；或梦吐黑物；或梦往圣先贤，提携接引①；或梦飞步太虚②；或梦幢幡宝盖③：种种胜事，皆过消罪灭之象也。然不得执此自高，画而不进。

【注释】

①接引：佛教称佛、菩萨引导众生进入西方极乐世界为“接引”。

②太虚：太空。《庄子·知北游》：“不过乎昆仑，不游乎太虚。”

③幢幡（chuángfān）：指佛、道教所用的旌旗。建于佛寺或道场之前。分言之，则幢为有执竿的宝盖；幡则无宝盖，多作悬挂之用。

【译文】

所以如果要发誓改正过错，在明处需要好朋友来提醒，在暗处需要鬼神来证明。一心一意进行忏悔，无论昼夜都不懈怠，经过一周、两周，一个月、两个月、三个月，就一定会有效验。或者会觉得心旷神怡；或者觉得耳聪目明、茅塞顿开；或者觉得应付烦冗琐碎的事时触类旁通、左右逢源；或者遇到仇人时变怒为喜；或者梦见自己吐出了体内黑色的东西；或者梦见古来的大圣大贤，来提携引渡自己；或者梦见翱翔在太空之中；或者梦见有得道者所用的重重旌旗：这些不同的好事，都是消除自己过错的征兆。不过也不能因此而自以为是，画地为牢而不再进步。

【点评】

这里说的是改过之后所产生的效验。了凡先生说，有的人发下愿心要努力改过时，在明处必须有好朋友督促提醒，在暗中必须有鬼神监督，要一心忏悔，昼夜不停，经过一周、两周以至于一个月、两个月、三个月，必定会有效果。

对于改正后所产生的效验，了凡先生举了以下几例：或者感到心旷神怡；或者感到茅塞顿开，心明眼亮；或者觉得应付繁杂的事务时左右逢源，得心应手；或者在遇到仇人时变怒为喜；或者梦见体内污秽一吐而净；或者梦见千古圣贤都在提携、帮助自己；或者梦见自己翱翔在茫茫宇宙；或者梦见亲临西方净土。诸如此类的好事，都是改过消罪的征兆。

但是，了凡先生也提醒道，不要因此就沾沾自喜。改过需要坚持不懈，需要毅力和勇气。

昔蘧伯玉当二十岁时①，已觉前日之非而尽改之矣。至二十一岁，乃知前之所改，未尽也；及二十二岁，回视二十一岁，犹在梦中。岁复一岁，递递改之。行年五十②，而犹知四十九年之非。古人改过之学如此。

【注释】

①蘧（qú）伯玉：春秋卫国贤大夫。名瑗，字伯玉，谥成子。年五十而知四十九年之非。卫大夫史鳍知其贤，屡荐于卫灵公，但终不用。

②行年：经历过的年岁。

【译文】

从前春秋时卫国的蘧伯玉在二十岁的时候，已经知道自己以前的错误并全都改正了。到了二十一岁，又知道前一次所改正的，还有没改尽的；到了二十二岁的时候，再回头看二十一岁，就好像在梦里一样。年复一年，不断改正。到了五十岁的时候，还知道前四十九年中的过错。古人改正过错的学问就是这样的啊！

【点评】

在这里，了凡先生举了古人蘧伯玉改过的事例，勉励他的儿子。蘧伯玉是春秋时卫国的大夫，名瑗，今河南长垣县伯玉村（一说今河南濮阳县老渠村）人，生卒年不详，事卫三公（献公、襄公、灵公），因贤德闻名诸侯。相传他品德高尚，光明磊落，在二十岁时，已经完全意识到以前所犯的过失，从而加以彻底地改正；到二十一岁时，才知道以前的改正并不彻底；到二十二岁时，回首二十一岁时的情形，恍然若在梦境。就这样年复一年，不断改正。到五十岁时，还知道四十九年中的过错。《淮南子·原道训》说："蘧伯玉年五十而知四十九年非。"蘧伯玉确是一位不断求进而又善于改过的人。孔子也与蘧伯玉相交甚厚。几次适卫，多居蘧伯玉家。一次，蘧伯玉使人到孔子那里问候，孔子问："夫子（指伯玉）何为？"来人对曰："夫人欲寡其过未能也。"使者走后，孔子曰："使乎！使乎！"这既是称赞蘧伯玉的德性高尚，也是称赞蘧伯玉的使者应对得体。伯玉死后，后人慕其贤，在其墓前建有祠堂，碑文曰："先贤内黄侯蘧伯玉之墓。"

从蘧伯玉的身上可以看到古人坚持不懈地改正过错的执着精神。了凡先生自己在改正过失方面也是非常地坚定。他在《立命之学》中说："因将往日之罪，佛前尽情发露，为疏一通，先求登科；誓行善事三千条，以报天地祖宗之德。”

对于我们来说，在日常生活中，就是要不断地反观自身，反省自己的言语行为，使之符合于一定社会的道德准则和风俗习惯，从而使人与人之间的相处更加和谐。

吾辈身为凡流，过恶猬集[1]，而回思往事，常若不见其有过者，心粗而眼翳也。然人之过恶深重者，亦有效验：或心神昏塞，转头即忘；或无事而常烦恼；或见君子而赧然消沮[2]；或闻正论而不乐；或施惠而人反怨；或夜梦颠倒，甚则妄言失志：皆作孽之相也。苟一类此，即须奋发，舍旧图新，幸勿自误。

【注释】

①猬集：比喻事情繁多，像刺猬的刺那样聚在一起。

②赧（nǎn）然：形容难为情的样子。赧，因羞愧而脸红。

【译文】

我们都不过是平凡的人，平时的过错就像刺猬的刺那样多，但回思往事的时候，常常有人看不到自己的过错，这是由于粗心和目光短浅的原因啊。不过，对于那些罪恶过于深重的人而言，也会感觉到一些征兆：或者心神昏乱，转眼忘事；或者无缘无故就感到心烦意乱；或者看到有德的君子就因羞愧反而去诽谤别人；或者听到光明正大的话反而闷闷不乐；或者施给别人恩惠反而招来怨恨；或者夜里常做噩梦，严重的还口吐狂言，神志不清：这都是做了坏事之后的反应。如果一出现这样的现象，就必须发奋振作，弃旧图新，万万不要自误前程。

【点评】

我们都是寻常之人，平日所犯错误多不可计，可不少人在总结往事时，常常看不到自己的错误，这没有什么别的原因，实在是因为太过大意粗心、目光短浅的缘故。其实，那些罪恶深重的人，素日里是会有一些不好的效验表现出来的：或者心神闭塞，头昏健忘，或者无缘无故就感到心烦意乱，或者见到德性高尚的人就消沉沮丧，或者听到好的言论就闷闷不乐，不能从善如流者或者向别人施予恩惠反而招来怨恨，或者噩梦不断，甚至口吐狂言，神志不清，意乱情迷。这些都是做了恶行之后的反应。一旦发生这些情况，不能再因循苟且，应该马上迷途知返，改弦更张，重新做人，切莫自误前程。所以，我们应当对自己有一个清醒和正确的认识，在意识到有不好的情况发生时，要立刻省察自己的行为，反思自己的过去。

近代高僧弘一法师曾写有《余之改过之法》一文，总结了自己一生的改过之法。他认为改过的次第为：一学、二省、三改。“学”就是要多读儒释经典，多向传统文化学习，从传统文化中求滋养身心、安身立命的源泉。这样才可以更详细、准确地知道善恶区别以及改过迁善之法。学习之后要经常自我审查，每天审查自己的一言一行是善还是恶，审查之后还要能改正。孔子的弟子子贡曾经说过：“君子过也，如日月之食焉；过也，人皆见之；更也，人皆仰之。”由此可见改过的重要性。过而能知为之明，知而能改谓之圣。弘一法师还列举了自己五十年以来改过迁善的十大具体措施：第一是虚心，孔子说：“五十以学易，可以无大过矣。”“闻义不能徙，不善不能改，是吾忧也。”二是慎独，曾子曰：“十目所视，十手所指，其严乎！”第三要宽厚。第四是吃亏。第五是寡言，孔子说：“驷不及舌。”第六是不说人过，孔子倡导：“躬自厚而薄责于人。”第七是不文已过。子夏曾说：“小人之过必文。”第八是不覆已过。第九是闻谤不辩。第十是不嗔。弘一法师自我修炼的体证心得以及经验总结是值得学习和借鉴的。

另外，从哲学的角度看，对主体的反思总是开始于对个体自我的认识，一个不能正确认识自我的人是无法有效地进行自我反省的。所以我们首先应当有正确的自我意识。人只有具有了自我意识才能知道自己是谁，应该做什么，并自觉主动地去践行；而自我反省的对象，概括而言主要包括我们的行为、情感、意志、动机等等，通过自我知觉、评价、体验、审查、纠正等手段的依次作用而完成自我反省。在日常生活中，我们不能沉溺于浑浑噩噩的生活状态中，而应当做一个“有心人”，对自己的行为和周遭的事物有一个明确的把握。

第三篇　积善之方

《易》曰[1]："积善之家，必有余庆。"

【注释】

①《易》:《周易》，儒家重要经典。简称《易》。包括《易经》与《易传》两部分。这里专指《易经》。

【译文】

《周易》说："积累善行的家族，必然有很多吉庆的福报。"

【点评】

《易经》说："积累善行的家族，必定有很多吉庆之事。"该句在《易经》中的完整表述是："积善之家，必有余庆；积不善之家，必有余殃。"详细论述人世祸福与善恶行为的因果关系。古人认为人世祸福的发生，与人们的善恶行为有着必然的因果联系。"祸福无门，惟人自召。"祸福不是毫无缘由地降临在世人身上，人的善恶行为才是自身得福得祸的直接诱因。即使不现报在自己身上，也会报应在自己的后代身上。善有善报，恶有恶报，所以人们不可不谨慎行事。

昔颜氏将以女妻叔梁纥[1]，而历叙其祖宗积德之长，逆知其子孙必有兴者[2]。

【注释】

①叔梁纥（hé）：春秋时鲁国大夫，名纥，字叔梁。孔子之父。据《孔子家语·本姓解》记载，叔梁纥向颜氏求婚，颜氏有三个女儿，结果最小的女儿徵在便嫁给了叔梁纥，生下孔子。叔梁纥在孔子三岁时去世。

②逆知：预先猜度。清代黄邦宁《岳忠武王文集·奏乞复襄阳札子》："善观敌者，当逆知其所始。"

【译文】

从前颜氏打算把女儿嫁给孔子的父亲叔梁纥的时候，便列举了叔梁纥家祖祖辈辈积累下来的德行，预料到他的子孙中必然有光宗耀祖的人。

【点评】

当初颜氏将要把女儿嫁给孔子的父亲叔梁纥时，列举了叔梁纥家祖祖辈辈所做的善事，预言他家子孙中必定要出一位光宗耀祖的人。结果颜氏的女儿徵在嫁与叔梁纥后，生下孔子，成为"祖述尧舜，宪章文武"的至圣先师，一代圣贤。即使在现如今，人们在婚配择偶之时，仍要考察对方的人品及家庭声誉。

孔子称舜之大孝①，曰："宗庙飨之②，子孙保之。"皆至论也。试以往事征之③。

【注释】

①舜：传说中远古帝王，五帝之一。姚姓，一说妫姓，

有虞氏，名重华，史称虞舜。为颛顼后裔。传说舜生长在妫水（今山西济水），其父瞽瞍娶后妻生子象。其父糊涂固执，后母泼辣凶悍，弟弟象骄傲粗野。然而舜对待他们很好，以孝闻名乡里，对弟弟照顾得十分周到，如同自己的手足。“象忧亦忧，象喜亦喜”。由于其道德品质感人，所以他“耕历山，历山之人皆让畔；渔雷泽，雷泽之人皆让居；陶河滨，河滨器皆不苦窳。一年而所居成聚，二年成邑，三年成都”（《史记·五帝本纪》）。可是瞽瞍、后母和象企图迫害他。让他修谷仓，然后在下面点火，想烧死他；让他淘井，然后把井填上，想活埋他。舜虽然屡次死里逃生，可是他并不计较，对待父亲更加孝敬，对于象更加爱护。部落联盟首领尧传位给了他。舜当了首领后，不念旧恶，仍然敬父爱弟，终于使他们受到了感化，改变了品质。舜在当政期间，非常注意道德的作用。

②飨（xiǎng）：用酒食招待人，也泛指请人享受。

③征：证明，验证，信而有征。

【译文】

孔子称赞舜帝的大孝，说：“宗庙将会祭祀他，子孙也会保住他的福德。”这都是至理名言。我们可以试着用以前的事迹来加以验证。

【点评】

舜，品德高尚，颇受儒家推崇，尤其以“孝”著称，为后人所称道。舜的父亲及后母对他心怀歹意，蓄意谋害，但都丝毫未能减损他对父母的孝心。孔子在称赞大舜的孝心时说："宗庙将会享祭他，子孙也会保住他的福德。"《礼记·祭法》篇中主要介绍了虞、夏、商、周四代祭祀的对象和法则，其中说道："夫圣王之制祭祀也，法施于民，则祀之；以死勤事，则祀之；以劳定国，则祀之；能御大灾，则祀之；能捍大患，则祀之……及夫日月星辰，民所瞻仰也；山林川谷丘陵，民所取材用也。非此族也，不在祀典。"简而言之，就是"有功烈于民者"，皆是享受祭祀的对象。此法则也一直为后世所遵守。历史上品德高尚具有表率作用的，或有功于国家人民的人，都会得到后人的尊敬，或为其树碑立传，或为其建祠修庙。如为彰显诸葛亮的文治武功，建有"武侯祠"；为宣扬关羽的忠义勇武，建有"关帝庙"，此类情形不一而足。

了凡先生接着进一步用先前的事实来加以验证，举例说明"积善之家，必有余庆"的道理。

杨少师荣[①]，建宁人，世以济渡为生[②]。久雨溪涨，横流冲毁民居，溺死者顺流而下，他舟皆捞取货物，独少师曾祖及祖，惟救人，而货物一无所取，乡人嗤其愚[③]。逮少师父生，家渐裕。有神人化为道者，语之曰："汝祖父有阴功，子孙当贵显，宜葬某地。"遂依其所指而窆之[④]，即今白兔坟也。后生少师，弱冠登第[⑤]，位至三公[⑥]，加曾祖、祖、父，如其官。子孙贵盛，至今尚多贤者。

【注释】

①少师：官名，周朝置少师、少傅、少保以辅天子，称“三孤”，又称“三少”。明清作为荣衔，列为从一品，无职事。

②济渡：渡过水面。此指从事摆渡。

③嗤：讥笑，嘲笑。

④窆（biǎn）：泛指埋葬。

⑤弱冠：古时男子二十岁称为弱冠。人生十岁叫幼，入学。二十岁叫弱，行加冠礼。二十岁才算成年人，初行冠礼，体犹未壮，故称“弱冠”。《礼记·曲礼》：“二十曰弱，冠。”

⑥三公：古代三个具有崇高地位、荣誉职位和官位的尊称。对三公的称呼及其职掌，历代颇异。周代为辅佐国君、掌管军政大权的最高长官。有两说：一说司徒、司马、司空为三公，一说太师、太傅、太保为三公。秦及西汉前期，以丞相、太尉、御史大夫为三公。汉武帝时以大司马代太尉，成帝时御史大夫改称大司空，哀帝时丞相改称大司徒。东汉以太尉、司徒、司空为三公，亦称三司。魏晋南北朝时期除北周以太师、太傅、太保为三公外，其他皆沿东汉之制。三公位高而权轻，备皇帝顾问而已。隋、唐、宋、辽沿东汉之制，以之作为安置老臣显贵的荣誉官职。明、清又以太师、太傅、太保为三公，仅以之作为最高荣誉头衔加于某些大臣。

【译文】

少师杨荣是福建建宁人，祖先世世代代以摆渡为生。一次下了很长时间的雨，小溪涨水从而发生水灾，冲毁了百姓的房子，被淹死的人被水冲下来，其他的人都划了船去抢捞财物，只有杨荣的曾祖父和祖父在救人，对财物一无所取，同乡的人都嘲笑他们的愚笨。等到杨荣的父亲出生后，家里就逐渐富裕。有一位神仙变化成道人，对他说："你的祖父积累了阴功，所以子孙后代应当有官高名显的人，所以应该把你的祖父葬在某地。"于是杨荣的父亲便依从道人的指示下葬，就是今天所说的白兔坟。后来杨荣出生，二十岁的时候就考上了科举，最后位列三公的高位，他的曾祖、祖父及父亲也都被追封了官爵。并且他的子孙后代也都显贵兴盛，直到今天仍有很多有才能、德行的人。

【点评】

少师杨荣，是建宁人，世代以从事摆渡来维持日常生计。一次连日大雨致使河水暴涨，冲毁民房，淹死的人顺流漂下。在面临水灾之时，其他船只都去打捞财货，见利忘义，只有杨荣的曾祖父和祖父忙着搭救落水的人，丝毫没有捞取漂流的货物。在这种生命危急的时刻，一个人的思想品格高尚与否立见分晓。同时，也显现了他们对于他人生命的珍视。春秋时郑国商人弦高在贩牛的路上，遇到正要进犯郑国的秦兵，而郑国对此还一无所知。为了保卫国家，弦高就用自己的十二头牛来犒劳秦军，并说是他的国君派他来慰问秦军的，以麻痹秦军的斗志，并迅速将秦军侵犯的情报报告给郑国国君。郑国马上厉兵秣马，积极备战。秦军得知郑国有了准备，才顺便灭滑国而还。回师途中，又被晋国借机打败。弦高作为一个商人，舍弃了自己的货物，从而使自己国家的人民免于杀戮。再如，马棚失火，孔子最关心的是伤人与否。“厩焚。子退朝，曰：‘伤人乎？’不问马”（《论语·乡党》）。孔子重视他人生命的人道主义精神彰显无遗。杨荣的曾祖父和祖父的高尚行为却遭到了同乡人的嘲笑。等到杨荣的父亲出生时，杨家的家境已开始渐渐宽裕。有位神人化作一个道长，对杨荣的父亲说：“你的祖父积有阴功，子孙应当显赫尊贵，适宜葬在某某地方。”这种论说深合早期道教的承负说思想。早期道教认为，人的善恶行为，会在后世子孙身上得到报应。《太平经》说：“承者为前，负者为后。承者，乃谓先人本承天心而行，小小失之，不自知，用日积久，相聚为多，今后生人反无辜蒙其过谪，连传被其灾，故前为承，后为负也。负者，乃先人负于后生者也。”同理，若先人行善积德，则后人就会报应受福。杨荣的祖辈有善行，积有阴功，所以子孙按理应有福报。杨荣的父亲于是就按照道长所指定的地点，埋葬了他的祖父、父亲，也就是今天的白兔坟。这里又涉及古人的“风水”概念。“风水”，是指宅地或墓地的地脉、风向、水流的统称。堪舆家认为，风水的好坏，关乎人的吉凶祸福。也可说是古代“天人合一”境界的具体化。杨家后来生有杨荣，弱冠之年就考取进士，官位一直做到位列三公，他的曾祖、祖父、父亲也都追封了官爵，并且他的子孙后代也都显贵兴盛，直到今天仍有很多有才能、德行的人。

鄞人杨自惩，初为县吏，存心仁厚，守法公平。时县宰严肃，偶挞一囚，血流满前，而怒犹未息，杨跪而宽解之。宰曰："怎奈此人越法悖理，不由人不怒。"自惩叩首曰："上失其道，民散久矣。如得其情，哀矜勿喜①。喜且不可，而况怒乎？"宰为之霁颜②。

【注释】

①哀矜：哀怜，怜悯。《论语·子张》："如得其情，则哀矜而勿喜。"即，你如果审理出犯罪者的真情，应该怜悯他们，而不要居功自喜。

②霁（jì）颜：敛威怒之貌，变为和颜悦色。

【译文】

鄞县人杨自惩，最初做一名县吏，心地仁厚，处事以法为原则且公正无私。当时的县令非常严厉，有一次鞭打一名囚犯，打得囚犯浑身是血，但县令的怒气还没有消散，杨自惩跪下为囚犯求情，也为县令缓解怒气。县令说："只是这个人触犯法律违背天理，不由得人不生气。"杨自惩叩头说："如果在上位的人离开了正道，百姓早就离心离德了。如果查清他们犯罪的实情，就应当怜悯他们，而不要高兴。高兴尚且不可以，更何况发怒呢？"县令听了之后，脸色便缓和了下来。

【点评】

鄞县人杨自惩，最初做一名县吏，心地仁厚，公正无私。当时的县令非常严厉。有一次鞭打一名囚犯，致使其血肉模糊，血流不止，但他仍然怒气未消。面对犯罪的囚犯，县令难以遏制内心的愤怒，对其施以重刑，以示惩戒。但相对于刑法，中国社会的主流思想儒家学说更注重德治。孔子曾说过："道之以政，齐之以刑，民免而无耻；道之以德，齐之以礼，有耻且格。"杨自惩看到鞭打囚犯的血腥场面，于心不忍，跪倒在地替囚犯求情，为县令宽舒愤怒。县令说："此人违背法律天理，让人无法不生气。"杨自惩叩首说："在上位的人离开了正道，百姓早就离心离德了。如果能弄清他们的实情，就应当怜悯他们，而不要自鸣得意。欣喜尚且不可以，更何况发怒呢？"杨自惩借用《论语》中曾子之言劝解县令，百姓之所以有犯法行为，可能是因为上层统治者的政策措施有了偏差，其中必有隐情。没有谁愿意铤而走险，以身试法，将自己置于不利地位的。对于他们要有怜悯之心，得知案件的实情后，就应该哀其不幸。县令听后，神情马上缓和了许多。

家甚贫，馈遗一无所取[①]。遇囚人乏粮，常多方以济之。一日，有新囚数人待哺，家又缺米，给囚则家人无食，自顾则囚人堪悯。与其妇商之。

妇曰："囚从何来？"

曰："自杭而来。沿路忍饥，菜色可掬。"

因撤己之米，煮粥以食囚。后生二子，长曰守陈[②]，次曰守址[③]，为南北吏部侍郎[④]。长孙为刑部侍郎[⑤]，次孙为四川廉宪[⑥]，又俱为名臣。今楚亭德政[⑦]，亦其裔也。

【注释】

①馈（kuì）遗：馈赠，赠与。《史记·孝武本纪》："人闻其能使物及不死，更馈遗之，常余金钱帛衣食。"

②守陈：即杨守陈（1425—1489），字维新，号镜川，一作晋庵，浙江鄞县（今浙江宁波）人。景泰二年（1451）进士，授编修，成化时历侍讲、侍讲学士，编《文华大训》，弘治初年，擢吏部右侍郎，修《宪宗实录》充副总裁。有《杨文懿全集》。

③守址：即杨守址（1436—1512），字维立，号碧川。成化年间中乡试第一（解元），成化十四年（1478）登戊戌科一甲第二名进士（榜眼），授翰林院编修，官翰林院侍读学士，南京吏部右侍郎。后诏加吏部尚书致仕，曾任《大明会典》副总裁，人称"杨太史"。

④侍郎：官名。汉武帝时始置的郎官，本为在宫廷常侍皇帝左右的近臣。东汉以后，尚书属官初任时称"郎中"，一年后称"尚书郎"，三年则称"侍郎"。宋代门下、中书二省及尚书省所属各部均以侍郎为副长官。元丰改制前为寄禄官，改制后方掌本部事务。隋、唐以后，职位日高，为中书省、门下省以及尚书省所属各部的副长官。明清时升至正二品，与尚书同为各部的长官。

⑤长孙：即杨茂元（1450—1516），字志仁，号麟洲。成化十一年（1475）进士，授刑部主事，历官安庆府知府、广西右参政、右副都御史，终刑部右侍

郎。著有《麟洲存稿》。

⑥次孙：即杨茂仁，字志道，成化二十三年（1487）进士，授刑部郎中，官至四川按察使。著有《凤洲遗稿》。廉宪：官名，廉访使的俗称。宋设此官。廉访使每年八月至次年四月出巡，掌考校官吏政绩，断决六品以下官吏轻罪，复审地方冤案，有时亦负责劝农之事。明清改称为“提刑按察使”。

⑦楚亭德政：即杨德政，字叔向，号楚亭，正德十二年（1517）进士，官翰林院编修，官至福建按察使，著有《梦鹿轩稿》。

【译文】

杨自惩家里非常清贫，但对别人的馈赠一概不取。遇到囚犯缺粮，常想方设法去救济他们。一天，有新来的几个囚犯没有东西吃。自己家里又缺粮少米，如果将粮食给囚犯，则自己家人没有饭吃；如果只顾自己，则那些囚犯就会十分可怜。于是他就和妻子商量。

他妻子问：“囚犯从哪里来？”

他说：“从杭州来的。一路忍饥挨饿，面带菜色。”

因此妻子拿出自家人的口粮煮粥给囚犯吃。后来杨自惩生有两个儿子，长子叫守陈，次子叫守址，分别任南北吏部侍郎。长孙为刑部侍郎，次孙为四川廉宪，都是名臣。如今的楚亭德政，也是他的后代。

【点评】

杨自惩家里非常清贫，但对于他人馈赠的东西，一概不予收取。不贪恋别人的财物，也表明他廉洁、有操守。

中国古代，不乏廉洁之士。东汉有羊续悬鱼拒贿：中平年间，朝廷拜羊续为南阳太守。当时的南阳是著名的商业城市，住有大批官僚贵族和富商大贾。权豪之家，贿赂贪赃，奢侈腐败。一次，府丞以生鱼进献羊续，羊续收下后将鱼悬挂于庭院，后府丞又进献，羊续便将上次悬挂于庭院中的那条鱼指给府丞看，以此谢绝府丞，杜绝贿赂。其他官吏都被他慑服，再也不敢来送礼。从此羊续就有了“悬鱼太守”的雅号，“悬鱼”便成了为官清廉的典故。

关羽不贪恋官位财物，也有“挂印封金”的佳话。《三国演义》中，关羽在流落到曹操军中之后，曹操对他极为看重，封为汉寿亭侯，并赏与大量财物。而关羽在得知自己的故主刘备的下落后，马上将累次所收金银，一一封置库中，悬汉寿亭侯印于堂上，出去寻找结拜兄弟刘备。

昔正统间，邓茂七倡乱于福建[①]，士民从贼者甚众。朝廷起鄞县张都宪楷南征[②]，以计擒贼。后委布政司谢都事搜杀东路贼党[③]。谢求贼中党附册籍，凡不附贼者，密授以白布小旗，约兵至日插旗门首，戒军兵无妄杀，全活万人。后谢之子迁[④]，中状元[⑤]，为宰辅[⑥]；孙丕[⑦]，复中探花[⑧]。

【注释】

①邓茂七（？—1449）：原名邓云，江西人，后迁居于福建沙县，佃农出身。正统初年，因愤杀豪强，便改名躲在福建。正统十二年（1447），邓茂七因

联络佃家拒送“冬牲”事被官府抓捕从而拥众起义，自号铲平王，深得民众响应，聚众八十余万，控制了大半个福建。正统十四年（1449）二月，邓茂七听信内奸罗汝先谗言，中了官兵的埋伏，起义军损失惨重，邓茂七也在混战中阵亡。

②都宪：明朝都御史的别称。明、清皆置，为都察院长官，掌纠劾百司，辨明冤枉，提督各道，为天子耳目。

③布政司：明代地方行政机构，全称为“承宣布政使司”。洪武九年（1376）改行中书省，分全国为十三布政司，每司设左、右布政使一人。下设布政使司左右参政、参议、经历、都事、理问、照磨等官。

④谢之子迁（1449—1531）：谢迁字于乔，号木斋，浙江余姚人。成化十一年（1475）进士第一，状元。历任修撰、左庶子、太子太保、兵部尚书兼东阁大学士。历经成化、弘治、正德、嘉靖四朝，政绩卓著，当时人有“李公谋（李东阳的谋略），刘公断（刘健的当机立断），谢公尤侃侃（谢迁的能言善辩）”的话，为一代贤相。

⑤状元：科举考试中文武科殿试第一名之称。唐时有状元之称，指省试的第一名。宋开宝八年（975）后增加殿试，因称省试第一名为省元，殿试第一名为状元，亦称殿元。此后一直至清代均沿用状元之名，为科名中的最高荣誉。

⑥宰辅：辅佐皇帝的大臣，多指宰相或三公。

⑦丕：即谢丕（1482—1556）：字以中，号汝湖，谢迁的次子。弘治十七年（1504）举顺天乡试第一名（解元），弘治十八年（1505）考取乙丑科一甲第三名进士及第（探花），授编修，官至吏部左侍郎，兼翰林院学士，卒赠礼部尚书。著有《归省录》。

⑧探花：南宋至明清指科举考试中殿试第三名。“探花”之名起于唐代，唐时进士及第后在曲江亭子聚会游宴，称曲江亭宴、曲江会，又称探花宴，以进士中少年俊秀者二三人为探花使，又称探花郎，遍游名园，折取名花，以抒发内心的喜悦之情。

【译文】

从前在正统年间，邓茂七在福建反上作乱，士人民众跟随作乱的人很多。朝廷起用鄞县的都御史张楷南征剿除，用计来擒贼。后来又委任布政司的谢都事去搜捕斩杀东路的贼人。谢都事拿到了贼人结党的名单，于是凡是不愿意跟从贼人的，他就秘密给他们一个白布做的小旗，约定在大兵抵达的那一天把旗子插在门前，谢都事严令禁止官兵让他们不要乱杀，这样便救出了上万人的性命。后来谢都事的儿子谢迁中了状元，官至宰相；孙子谢丕，又考中了探花。

【点评】

明正统年间，邓茂七在福建造反，民众跟从的很多。在古代，朝廷对于犯上作乱者蔑称为“贼”。《三国演义》将“挟天子以令诸侯”的曹操塑造为觊觎皇权的奸臣形象，而将刘备视为匡扶刘姓汉室的正义典型。《水浒传》中众多英雄好汉因不满官场黑暗，而聚集水泊梁山，占山为王，被朝廷蔑称为“贼寇”。梁山好汉提出了“替天行道”的口号，为自己正名。梁山好汉的领袖宋江受传统观念的影响，更是将朝廷的“招安”作为自己的政治目标，以立身于庙堂为自己的人生理想。

当时的朝廷显然不能容忍反叛自己的力量存在，于是令鄞县的张楷带兵南下征剿。张楷用计谋将邓茂七捉住，后来朝廷又委派布政司谢都事剿杀东路贼党。谢都事寻求到贼众的名册，凡不附属于匪党的，就暗中发给他们一面白布小旗，约定官兵到时，将白旗插在自家门口，这样一来，官兵没有错杀无辜，保全了一万余人的性命。《道德经》中将“兵”视为“不祥之器”，即使不得已而用之，也不以杀人为乐，“战胜以丧礼处之”。但是在古代战争中，大开杀戒的事例不在少数。战国时期长平之战，白起一次坑杀赵军降卒四十万人。秦末起义，项羽破釜沉舟，在巨鹿大败秦军，迫降秦将章邯部二十万人，随即又将他们全部坑杀。谢都事反其道而行之。后来，谢都事的儿子谢迁中状元，官至宰相，孙子谢丕也中了探花。

莆田林氏，先世有老母好善，常作粉团施人[①]，求取即与之，无倦色。一仙化为道人，每旦索食六七团。母日日与之，终三年如一日，乃知其诚也。因谓之曰：“吾食汝三年粉团，何以报汝？府后有一地，葬之，子孙官爵，有一升麻子之数。”

其子依所点葬之，初世即有九人登第，累代簪缨甚盛[2]。福建有“无林不开榜”之谣。

【注释】

①粉团：用糯米制成，外裹芝麻，置油中炸熟，犹今之麻团。

②簪（zān）缨：簪和缨，古代官员的冠饰，常借指为官或显贵。杜甫《八哀》：“空余老宾客，身上愧簪缨。”《南史·王弘传》：“其所以簪缨不替，岂徒然也！”

【译文】

福建莆田有一个姓林的，他家祖上有一位老妇人乐善好施，经常做了糯米团来施舍给人吃，人们只要去要她就会给，没有丝毫厌倦之色。有一位神仙变成道人，每天早上索要六七个糯米团。老妇人每天都给，三年如一日，一直如此，神仙于是知道了她的善举是出于诚心。神仙便对她说：“我吃了你家三年的糯米团，用什么报答你呢？你家后面有一块地，把祖先葬在那里，你家子孙后代得到官爵的人，会有一升芝麻的数量那么多。”

老妇人的儿子便依照他的指点把先人安葬在那里，第一代后人中便有九个人考中科举，后来世世代代成为高官显贵的人更多。福建便有“无林不开榜”的民谣流传。

【点评】

福建莆田林家，先前有位老妇人乐善好施，常常做粉团施舍给别人，有求必应，毫不厌倦。有一个仙人化作道长，考验其是否真心行善，于是每天早晨索要六七个粉团，老妇人也天天给他，三年如一日，从不间断，于是仙人知道老妇人行善是出于诚心。"试玉要烧三日满，辨材须待七年期"。中国传统文化也注重对人的细致考察，心诚与否是对一个人的品格作出价值判断的重要依据。"圯桥进履"讲的是黄石公考验张良的故事。张良本是韩国贵族，因刺杀秦始皇失败，而隐姓埋名，改名为张良。一天，张良来到沂水河圯桥，碰到一个老翁。老翁有意将脚上的鞋子坠落桥下，让张良替他捡回，并替他穿上，而张良一一顺从，并不介意。老翁又要张良五天后来此相见，而当张良到时，老翁已在桥上等候多时了。对于张良的迟到，老翁深为不满，再次让他五天后来此相见。如此再三，张良吸取教训，晚上不再睡觉，早早来到桥上等候。于是得到老翁的赞许，并将姜子牙辅佐武王伐纣时所著的兵书《太公兵法》传授给他。张良得此兵书以后，用心苦读，后来辅佐刘邦灭秦亡楚，成就汉室帝业。诸葛亮也是深为刘备"三顾茅庐"的真诚所感动，乃为其出谋划策，制定了三分天下的策略。

仙人知道这位老妇人是真心行善，于是就对她说：我吃了你三年的粉团，怎么报答你呢？你家屋后有块地，把祖先葬在那里，你的子孙做官的人数就有一升芝麻那么多。

她的儿子就依照仙人指示的地点将先人安葬，第一代后人中就有九人中进士，后来世代得高官显贵者众多。福建流传"无林不开榜"的民谣。

冯琢庵太史之父[①]，为邑庠生[②]，隆冬早起赴学，路遇一人，倒卧雪中，扪之[③]，半僵矣，遂解己绵裘衣之，且扶归救苏。梦神告之曰："汝救人一

命，出至诚心，吾遣韩琦为汝子[④]。”及生琢庵，遂名琦。

【注释】

①冯琢庵：即冯琦（1558—1603），字琢庵，万历年间进士。

②庠（xiáng）生：明清两代府、州、县学的生员别称。庠，为古代学校名称，《三礼义宗》：“有虞氏之学为庠。”西周将“庠”学归于乡学，遂成为地方学校之名。后世又称府学为郡庠，县学为邑庠，故府、州、县学生员通称庠生。明清时，童生入学称“在庠”，即指有了秀才的身份。

③扪（mén）：摸，抚摸。《史记·高祖本纪》：“项羽大怒，伏弩射中汉王。汉王伤胸，乃扪足曰：‘虏中吾指！’”

④韩琦：北宋大臣，字稚圭，相州安阳（今河南安阳）人，自号赣叟。天圣进士。初授将作监丞，进枢密直学士。曾一次奏罢宰相、参政四人。宝元三年（1040），出任陕西安抚使。庆历三年（1043），西夏请和，任枢密副使，与范仲淹、富弼等同时登用。他与范仲淹在兵间久，名重一时，朝廷倚以为重，时称“韩范”，有歌谣：“军中有一韩，西贼闻之心胆寒；军中有一范，西贼闻之惊破胆。”两年后，因范仲淹罢政，韩琦自请外出，知扬州等。嘉祐年间（1056—1063），复入为枢密使、宰相。经英

宗至神宗执政三朝。神宗即位后，出判相州（今河南安阳）、大名府等地。王安石变法，他屡次上疏反对。封魏国公。熙宁八年（1075）卒。著有《安阳集》。

【译文】

冯琢庵先生的父亲在当秀才的时候，有一年深冬早晨起来上学，路上遇到一个人，倒在雪地里，一摸，身体都已经半僵了，便解开自己的绵裘给他穿上，并把他搀扶回自己家里救醒。后来便梦见有神仙告诉他说："你救人一命，而且是出于诚心，我就派韩琦来当你的儿子。"等到生了琢庵先生，便取名为冯琦。

【点评】

冯琢庵太史的父亲在县学作秀才的时候，勤奋好学，闻鸡起舞，时节虽是寒冬，仍要早起去县学。由此也可看出，寒窗苦读的艰辛。古往今来，读书人的苦学故事俯拾即是：孙敬头悬梁，苏秦锥刺股，匡衡凿壁偷光，范仲淹断齑划粥，勤学奋进的坚毅精神时时激励着后人。

在此寒冬的早晨，冯琢庵太史的父亲路上遇到一个人，倒卧在雪中，用手摸一下，感觉此人已冻僵了，于是就脱掉自己的衣服给他披上，并把他扶到家中，将其救醒。救人一命胜造七级浮屠。后来就梦见神仙告诉他说：你救人一命，出于诚心，我就派北宋文武全才的韩琦作为你的儿子。于是等到生有琢庵时，便取名"琦"。

台州应尚书[①]，壮年习业于山中。夜鬼啸集，往往惊人，公不惧也。一夕闻鬼云：“某妇以夫久客不归，翁姑逼其嫁人②。明夜当缢死于此③，吾得代矣。”公潜卖田④，得银四两，即伪作其夫之书，寄银还家。其父母见书，以手迹不类⑤，疑之。既而曰：“书可假，银不可假，想儿无恙。”妇遂不嫁。其子后归，夫妇相保如初。

【注释】

①应尚书：应大猷，字邦升，号谷庵，明武宗正德年间进士，官至刑部尚书。

②翁姑：公公和婆婆。

③缢（yì）死：俗称“吊死”。以绳索或其他条状物套在颈项部，用自身体重的下坠力拉紧套在颈项部的绳索引起窒息而死亡。

④潜：秘密地，偷偷地。

⑤类：相似，相像。

【译文】

台州的应大猷尚书，年轻时曾在山中学习。夜里往往有鬼聚集起来大叫，很是吓人，但应先生却并不害怕。有一天晚上听到鬼说：“某人的妻子因为丈夫出门时间很久了不回来，公公与婆婆便逼着她嫁人。明天晚上她会在这里上吊而死，我终于可以被人替代而再入轮回了。”应先生便私下把家里的田地卖了，得到四两银子，便伪造了那位丈夫的家信，把银子寄给他家。公公婆婆看到信后，因为笔迹不同，所以有些怀疑。但又觉得：“书信可能有假，但银子一定不假，想来我儿子一定还活在世上。”于是便不再逼儿媳妇改嫁了。后来那位丈夫回了家，夫妻二人仍能像以前那样生活。

【点评】

浙江台州的一位应尚书，壮年的时候在山中读书。当时的教育机构，如书院，多设立于环境清幽的山林名胜之地，远离车马的喧嚣。山中晚上常有群鬼叫啸，非常吓人，但应尚书并不害怕。有天晚上他听到有鬼说：“某个妇女因为丈夫久出未归，公婆便逼她改嫁，但她不从，明晚将在这里上吊而死。我终于找到替身了。”从后面赠银一事可以看出，这位妇人的丈夫应当是外出谋求生计。而由于古时通讯不便，一走便音讯杳然，生死未卜，公婆只好让儿媳改嫁。古代婚姻要听从“父母之命，媒妁之言”，个人无权作出选择。长篇叙事诗《孔雀东南飞》中，刘兰芝因为被丈夫焦仲卿的母亲赶回娘家，便发誓不再嫁人。她的娘家逼迫她改嫁，她便投水自尽了，以示对爱情的忠贞不贰。

由于中国封建社会宣扬忠妇烈女、从一而终的观念，不少妇女受此风气的浸染，选择以死来捍卫自己贞烈的声誉。应尚书得悉这一情况后，回去悄悄变卖了田产，得到四两银子，又伪造了其丈夫的家书，把银子寄到妇人家里。那家人的父母见了书信，发现笔迹不符，所以心生疑虑。但转而一想：书信可以有假，银子却不会有假，想来儿子应该安然无恙。于是这个妇女也就没有再被逼改嫁。后来这家人的儿子回来了，夫妻得以重续旧好。俗语说，“宁拆十座庙，不破一门婚”，况且还能救人一命，何乐而不为？

公又闻鬼语曰："我当得代，奈此秀才坏吾事。"

旁一鬼曰："尔何不祸之？"

曰："上帝以此人心好，命作阴德尚书矣。吾何得而祸之？"

应公因此益自努励，善日加修，德日加厚。遇岁饥，辄捐谷以赈之；遇亲戚有急，辄委曲维持①；遇有横逆②，辄反躬自责③，怡然顺受。子孙登科第者，今累累也。

【注释】

①委曲：曲从，曲意求全，殷勤周到。梁知微《入朝别张燕公》："别离他乡酒，委曲故人情。"尹鹗《秋夜月》："语丁宁，情委曲，论心正切。"

②横逆：强暴无理。《孟子·离娄下》："有人于此，其待我以横逆，则君子必自反也。"也就是说，假如有人对我蛮横无理，君子一定会反躬自省，是否自己没有以礼待人。

③躬：自身。《礼记·乐记》："好恶无节于内，知诱于外，不能反躬，天理灭矣。"指自己回过头来检查自己的过错。朱熹《乐记动静说》："此一节正天理人欲之机间不容息处，惟其反躬自省，念念不忘，则天理益明，存养自固，而外诱不能夺矣。"

【译文】

应先生又听到那个鬼说："我本来可以被代替了，奈何这个秀才坏了我的事。”旁边有个鬼说：“你为什么不给他生些灾祸呢？”那个鬼回答说：“上帝因为这个人心地好，已经暗中任命他为尚书了，我怎么能够给他生灾祸呢？”应先生因此更加努力，善行每天都全力修持，德行每天都有积累。遇到歉收的年头，就把自家的粮食拿出来赈灾；遇到亲戚有难处，便想尽办法去帮忙；遇到有人强横无礼，便回来头来检查自己的过错，并且很逆来顺受。他的子孙后代考中科举的人比比皆是。

【点评】

应尚书再次听到有鬼说：“我本来找到了替身，怎奈被这个秀才破坏了。”旁边一个鬼说：“你为什么不降祸给他呢？”回答说：“上帝因为此人的心地很好，有了阴德，所以将要他做尚书了。我怎么能害得了他呢？”中国古代传统是将“天”视为“上帝”，而且“天”是自然与人世至高无上的主宰。周朝后，人们认为天是具有人格的至上神，人只有“敬天”、“以德配天”，才能“祈天永命”。“天道”是赏善罚恶，福善祸淫。“天”对施仁之人恩赐幸福；对暴虐凶杀之人怒降灾祸。俗话说，不做亏心事，不怕鬼敲门；何况应尚书行善得福，得到上天的庇佑，鬼怪对他更是无可奈何。

应尚书从此更加努力勤勉，每日行善，品德日增。遇到饥荒之年，则捐粮赈灾；遇到亲戚有急难，则想方设法为之提供帮助，排忧解难；遇到有人强暴无礼，则深刻反省，逆来顺受。“静坐常思己过”，凡事从自身找原因，并不对别人求全责备。注重个人的内在心性修养。至今，他的子孙中科举及第的仍比比皆是。

常熟徐凤竹栻[1]，其父素富。偶遇年荒，先捐租以为同邑之倡[2]，又分谷以赈贫乏。夜闻鬼唱于门曰："千不诓，万不诓，徐家秀才，做到了举人郎。"相续而呼，连夜不断。是岁，凤竹果举于乡。其父因而益积德，孳孳不怠[3]，修桥修路，斋僧接众，凡有利益，无不尽心。后又闻鬼唱于门曰："千不诓，万不诓，徐家举人，直做到都堂[4]。"凤竹官终两浙巡抚[5]。

【注释】

①徐凤竹栻：即徐栻（1519—1581），字世寅，号凤竹，明代常熟（今属江苏）人。嘉靖二十六年（1547）进士，官授宜春令，历江西、浙江巡抚。著有《仕学集》。

②倡：带头，首倡，倡导。《汉书·晁错传》："陈胜行戍，至于大泽，为天下先倡。"又《汉书·陈胜传》："今诚以吾众为天下倡，宜多应者。"

③孳孳：同"孜孜"。勤奋不懈的样子。《后汉书·鲁丕传》："性沉深好学，孳孳不倦。"

④都堂：隋唐及宋代尚书省长官办事之处。"都堂居中，左右分司"（《通典·职官·尚书省》）。北宋前期，中书门下的政事堂亦称都堂。元丰改制后，罢中书门下，以尚书省都堂为政事堂。明、清时称

都察院堂上官为都堂。另外，总督、巡抚加都御史、副佥都御史衔者，亦称都堂。

⑤巡抚：别称"中丞"、"抚军"、"抚台"。官名。明代始置，与总督同为地方最高长官。

【译文】

常熟的徐栻徐凤竹，他的父亲向来很富有。有一次遇到荒年，他父亲先捐出钱来作同乡其他人的表率，然后又分出自家粮食来赈济贫困的人。晚上就听到有鬼在他家门前唱："千言不骗人，万语不骗人，徐家的秀才，一定做举人。"接连着大声唱，一整夜都不停。这一年，徐栻果然在乡试中了举人。他的父亲因此更加注意积德行善了，勤奋而不敢懈怠，又是修桥，又是修路，又是给僧人施舍食物，又是接济民众，凡是有利他人的事，没有不尽心去做的。后来便又听到有鬼在门前唱："千言不虚，万语不虚，徐家举人，做到巡抚。"徐栻后来果然做到了两浙巡抚。

【点评】

江苏常熟的徐栻，字凤竹，他的父亲向来比较富有，遇到荒灾之年，率先减免田租，为同县的人做榜样，同时又分粮食救济穷困的人。古代儒家学说提倡"仁道"，所痛恨的是刻薄成性、唯利是图的"为富不仁"。徐的父亲富有而能兼行慈善，是深合人心的。在夜里，听到有鬼在门外唱道："千言不骗人，万语不骗人，徐家的秀才，一定做举人。"呼声此起彼伏，整夜不断。这种盛传有鬼怪谶语预测吉凶的行为，当受传统谶纬思想的影响。谶纬思想是古代的一种神学迷信，起于秦代而盛于东汉。"谶"指事前的征验之言，多为假托神灵的隐语和预言。“纬”是与“经”相对而言的，是假托神意解经的书，内容荒诞，较多宣扬神灵怪异。这种思想在历史上多被当作一种权术而加以运用。秦末，陈胜、吴广在大泽乡起义之前，就曾佯装狐鸣，大呼“大楚兴，陈胜王”。

这一年，徐凤竹果然考中了举人。他的父亲因此更加努力地行善积德，并且孜孜不倦，修桥铺路，施斋饭供养僧人。佛教以佛、法、僧为三宝。佛，指佛祖释迦牟尼，也泛指一切佛，是信徒崇拜的对象；法，指佛法，即佛教教义；僧，指继承、宣扬佛教的僧众。僧人是佛教的“三宝”之一，信众皈依佛教，当然就要表现在对僧人的尊敬和供养上。徐凤竹的父亲还接济贫困大众，凡是对别人有好处的事情，他都尽力去做。后来又听到有鬼在门外唱道：“千言不虚，万语不虚，徐家的举人要一直做到都堂。”徐凤竹最终官至两浙巡抚。

嘉兴屠康僖公[1]，初为刑部主事[2]，宿狱中，细询诸囚情状，得无辜者若干人。公不自以为功，密疏其事，以白堂官[3]。后朝审[4]，堂官摘其语，以讯诸囚，无不服者，释冤抑十余人，一时辇下咸颂尚书之明[5]。

公复禀曰：“辇毂之下[6]，尚多冤民；四海之广，兆民之众，岂无枉者？宜五年差一减刑官，核实而平反之。”

尚书为奏，允其议。时公亦差减刑之列。梦一神告之曰："汝命无子，今减刑之议，深合天心，上帝赐汝三子，皆衣紫腰金⑦。"是夕夫人有娠，后生应埙、应坤、应埈⑧，皆显官。

【注释】

①屠康僖：即屠勋（1446—1516），字符勋，号东湖，卒后赠太保，谥康僖，平湖屠家栅村（今浙江林埭）人。天性颖敏，少年时已学贯经史，名闻乡里。明成化五年（1469）进士，授工部主事，分管清江浦造运输船。历任刑部员外郎、郎中，南京大理寺寺丞，右副都御史，刑部右侍郎，刑部尚书等。善诗文，著有《东湖遗稿》、《太和堂集》等。

②主事：官名。汉光禄勋属官有主事。北魏于尚书诸司设置主事令史，即是令史中的首领。隋代诸省各设置主事令史。金、元以后以士人担任。明代废除中书省，六部各设主事，升主事之秩为从六品，与郎中、员外郎正式并列为六部司官，并且在部司中往往掌握实权，外官的知县以内升主事为荣。

③堂官：明、清时对中央各衙门长官之称。如各部的尚书、侍郎，各寺的卿官等，因其为殿堂上之官，故称"堂官"。

④朝审：明清两代实行的对判处死刑尚未执行的案犯于秋后重新进行审理的制度。《明史·刑法志》："明英宗天顺三年，令每岁霜降后，三法司同公侯伯令审重囚，谓之朝审。"

⑤辇下：指京城。辇，天子的车。杜牧《冬至日遇京使发寄舍弟》："尊前岂解愁家国，辇下唯能忆弟兄。"

⑥辇毂（gǔ）：指天子的车驾。文以"辇毂之下"借指京城。《宋书·孔琳之传》载奏劾徐羡之文："羡之内居朝右，外司辇毂，任位隆重，自辟所赡。"

⑦衣紫腰金：也作"腰金衣紫"。戴紫绶挂金章。魏晋以后光禄大夫得假金章紫绶，因用以指做高官。腰金，腰佩金印，指为官。欧阳詹《咏德上太原李尚书》："锵玉半为趋阁吏，腰金皆是走庭流。"白居易《哭从弟》："一片绿衫消不得，腰金拖紫是何人。"

⑧应埙：即屠应埙，字文伯，号九峰，鄞县（今浙江宁波）人。正德二年（1507）举人，正德六年（1511）进士，授礼部主事，历任镇江府同知、湖广屯田副使。应坤：即屠应坤，字文厚，嘉靖二年（1523）进士，官至云南布政使司参政。应埈：即屠应埈，字文升，号渐山，嘉靖五年（1526）进士，初选为庶吉士，后授刑部主事，历任礼部员外郎、翰林院修撰，不久升右春坊右谕德兼侍读，后被牵连而辞官。著有《兰晖堂集》

【译文】

嘉兴的屠勋先生，最初官为刑部主事，夜里住在牢狱里，仔细询问各个囚犯的情况，知道有一些人是无辜的。屠先生也不把这当作自己的功劳，而是悄悄地把那些人的冤情写下来，送给刑部尚书。后来朝审的时候，刑部尚书便拿他写的东西来审问这些犯人，没有人不心服口服，于是释放了十几位冤枉的人，一时间京城都称颂尚书大人的英明。

屠先生又禀报说："天子脚下，尚有很多冤民；天下之大，有成千上万的人民，难道没有被冤枉的吗？应该每五年派一个减刑官，去核实那些冤情并为他们平反。"

尚书便将此上奏朝廷，朝廷准奏。当时，屠先生自己也被派去当了减刑官。他梦到有一个神仙告诉他说："你命中没有儿子，但现在因为你的减刑的提议，与上天的好生之心深深印合，上帝赐给你三个儿子，都官至高位。"当天晚上他的夫人便有了身孕，后来便生下了屠应埙、屠应坤、屠应埈三人，都做了高官。

【点评】

浙江嘉兴的屠勋，他起初为刑部的主事，就睡在监狱里，忠于职守，仔细耐心地询问每个囚犯的犯罪情况，探问其中的曲直，因而得知有不少无辜入狱的。查明案情后，他并不将此当作自己的功劳，而是私下把事情的原委呈报给堂官。《道德经》也说，"功成而弗居"。不心生占有、贪功之念，消除了很多争端的祸根。东汉将军冯异谦不居功，为人谦退不伐。其他将士都争着申述自己的战功，而冯异常独自静坐树下，被誉为"大树将军"。将士们对他不居功自傲的精神深表敬佩，都愿意当大树将军的下属。

贪图功利者，又常引来杀身之祸。正所谓："飞鸟尽，良弓藏；狡兔死，走狗烹。"韩信是中国古代著名将领，自幼刻苦研究兵书，精通兵法。作为将领能灵活运用各种战术。刘邦也曾赞赏他“战必胜，攻必取”。他为汉朝的创立立下了汗马功劳，史称：“汉之所以得天下者，大抵皆信之功也。”然而他最终却被杀。究其原因，他功高震主，刘邦有逼反之嫌。最重要的是韩信贪图功利，要求封地，甚至以不出兵相要挟，由是引起刘邦的怀疑；等到灭掉西楚后，刘邦即解除他的兵权。韩信不满，反意渐起，终于走上谋反之路。司马迁评论道：“假令韩信学道谦让，不伐己功，不矜其能，则庶几哉！”

另外三国时的许攸也是恃功自重而引来杀身之祸。官渡之战中，许攸背叛袁绍投奔曹操后，建议曹操偷袭乌巢，烧掉袁绍的粮草，从而使曹操大获全胜。后来曹操夺取冀州，也有许攸的功劳。许攸因此居功自傲，乃至得意忘形，对曹操经常口出戏言，甚至称呼曹操小名，在正式场合也不知有所收敛。曹操终于忍无可忍，下令将许攸杀死。

无怪乎《道德经》中有“功遂身退，天之道也”的说法，劝导人们功业成就后，要做到敛藏锋芒。历史上也不乏功成身退的智慧之士。春秋时期的范蠡，任越国大夫，辅佐越王勾践发愤图强，终灭吴国。越灭吴后，范蠡以为功高名大，会给自己带来危险，并认为勾践为人“可与共患难，难与同安乐”。于是范蠡不慕权势，辞官归隐，泛舟五湖。汉初大臣张良，辅佐刘邦“运筹帷幄之中，决胜千里之外”，为刘汉政权的建立出谋划策。西汉建立后，受封留侯。晚年托辞身体有病，不问政治，不食五谷，向往成仙，也被视为功成身退、明哲保身的典型。

后来在朝审的时候，堂官就拣择、选取屠勋所提供资料的要点来审讯那些囚犯，没有一个不心悦诚服的。因此释放了蒙受冤屈的十多个人。当时，京城一带的人们都称赞尚书的明察秋毫。

经过此次审讯之后，屠勋就注意到，在天子脚下的京城尚且有如此多蒙受冤屈的人，更何况全国范围的广大区域，山高皇帝远，怎么会没有被冤枉的人呢？屠勋后来就向尚书禀报说，应该每五年派遣一位减刑官，到各个地方核实情况，为有冤屈的予以平反昭雪。

尚书认可这个建议，就代为上奏朝廷，并得到了批准。当时屠勋也在所派遣的减刑官的行列之中。

有一天，屠勋梦见一个神仙告诉他说："你命中本来是没有儿子的，但你所提出的减刑的建议，正好与上天爱人的心愿相合，所以上帝就赐给你三个儿子，而且他们都会有高官厚禄。"上天有好生之德。当天晚上，他的夫人就有了身孕，后来生了应埙、应坤、应埈三个儿子。"不孝有三，无后为大"，这一直是封建社会孝观念的重要内容。其他两个不孝的行为是：阿意曲从，陷亲不义；家贫亲老，不为禄仕。所以说，上帝赐予屠勋三个儿子，延续香火，并且他的三个儿子都做了大官，是很大的福报。中国古代实行封建宗法制，同时也盛行官本位思想。个人如果做了官，就可以为自己的宗族和祖先带来荣耀，家族其他成员可以因此得到种种实惠；官做得大了，已经故去的祖先还可以追加各种谥号、美名。所以在中国这种高官厚禄、光宗耀祖的传统思想根深蒂固。

嘉兴包凭，字信之，其父为池阳太守，生七子，凭最少，赘平湖袁氏[①]，与吾父往来甚厚。博学高才，累举不第，留心二氏之学[②]。一日东游泖湖，偶至一村寺中，见观音像，淋漓露立，即解橐中得十金[③]，授主僧，令修屋宇。僧告以功大银少，不能竣事。复取松布四匹[④]，检箧中衣七件与之，内纻褶[⑤]，系新置，其仆请已之，凭曰："但得圣像无恙，吾虽裸裎何伤[⑥]？"僧垂泪曰："舍银及衣布，犹非难事；只此一点心，如何易得。"

后功完，拉老父同游，宿寺中。公梦伽蓝来谢曰[⑦]："汝子当享世禄矣。"后子汴[⑧]，孙柽芳[⑨]，皆登第[⑩]，作显官。

【注释】

①赘（zhuì）：入赘，俗称"倒插门"。

②二氏：指佛、道两家。韩愈《昌黎集·重答张籍书》："今夫二氏行乎中土也，盖六百年有余矣。"文天祥《义阳逸叟曾公墓志铭》："维二氏之蔽于死生兮，小其用于一身。"

③橐（tuó）：盛东西的袋子。《左传》："而为箪食与肉，置诸橐而与之。"

④匹：古代长度单位。四丈为一匹，或说八丈为一匹。

⑤纻（zhù）褶：先秦时的褶是指夹上衣，魏晋起至隋唐有裤褶，是一种胡服。明代的褶则是一种小袖而袖口收缩，斜领、圆领或方领，腰断裁，下摆有密

密褶裥的长衣。范叔子《云间据目抄》记其郡风俗称："男人衣服，予弱冠时皆用细练褶，老者上长下短，少者上短下长，自后渐易两平，其式即皂隶所穿冬暖夏凉之服。"

⑥裸裎（chéng）：赤身露体。

⑦伽蓝：佛教寺院中的护法神。佛典原谓有美音、梵音、雷音、师子等十八神护伽蓝，禅宗寺院则供当山土地等为守护神。

⑧汴：即包汴，字符京，浙江嘉兴人，嘉靖三十八年（1559）进士，历任参议。

⑨柽芳：即包柽芳（1534—1596），字子柳，号端溪，嘉靖三十五年（1556）进士。历任礼部主事、刑部主事、贵州提学使、吏部郎中等职。

⑩登第：科举考试录取时须评定等第，因称应考中式者为登第。相对而言，未中式者谓"不第"或"落第"。

【译文】

嘉兴的包凭，字信之，他父亲官为池阳太守，生了七个儿子，包凭是最小的，入赘到平湖的袁家，与我父亲来往密切。他学问广博、富有才华，但多次参加科举考试都考不上，很喜欢佛、道二家的常说。有一天到东边的泖湖游玩，偶然到一个村子的寺庙中，看到寺里的观音像就露天放着，便拿出行囊，找到十两银子，给了主持的僧人，让他修整一下庙宇。僧人告诉他工程很大而银子太少，无法动工。他又拿了四匹松布，并翻出衣箱里的七件衣服给僧人，其中有一件纻麻的长衫，是新做的，仆人请求他把这件衣服留下来自己用，他说：“只要圣像能安然无恙，我就是赤身露体又有什么关系呢？”僧人落泪说：“施舍银子和衣服、布匹，都还并不是难事；但就这一点赤诚之心，却是非常难得。”

后来庙宇修缮完毕，他便拉了我的父亲一同去游玩，夜里便住在寺中。他梦到寺里的伽蓝神来道谢说：“你的儿子当要享受世代的俸禄了。”后来他的儿子包汴、孙子包柽芳，都考中了进士，也都做了高官。

【点评】

浙江嘉兴的包凭，字信之。他的父亲是池阳的太守，生有七个儿子。包凭最小，招赘给平湖县的袁家做女婿，和了凡先生的父亲交往频繁，交情深厚。他学问广博，才华出众，但每次考试都不能考中，于是就对佛、道两家的义理学问留心研究。儒、佛、道三教分别在经国、修身和治心方面分工合作，所谓“不知《春秋》，不能涉世；不精《老》《庄》，不能忘世；不参禅，不能出世。此三者，经世、出世之学备矣”。三教的人生哲学相互补充，相得益彰。儒家所提倡的积极入世，有时会在现实中遇到挫折，甚至难以实现，那么道家和道教避世法自然的人生理想可以作为一个补充，其提倡的随顺自然常常可以成为调控心境的重要手段。如果入世和避世两者都不可得，那么佛教则可以发挥一定的作用。特别是中国佛教提倡的随缘任运、心不执著，可以帮助人以出世的心态来超然处世，化解入世与避世的矛盾对立，不至于为此生此世的不如意而过分地烦恼。正因如此，所以“入则儒法，出则释道”的情形在中国古代知识阶层中屡见不鲜。

有一天，包凭一路向东，到泖湖游玩，偶然到了一个村庄的寺中，看到观音菩萨的塑像在露天中被风吹雨淋。佛典中讲对佛菩萨像要视同真实佛菩萨，恭敬供养。为了让观音菩萨的塑像免于遭受日晒雨淋，他就解开袋子，拿出里面的十两银子，交给住持，让他维修房屋。和尚告诉他维修房屋的工程大，而银子少，是不能够完工的。于是他又拿出四匹松布，又从行李中选出七件衣服交给住持。其中有件夹衣是新做的，他的仆人请他不要再送了。包凭说："只要观音菩萨的圣像安然无恙，我就是光着身子又有什么关系？"

和尚感动得落泪，说道："布施银子、衣服和布匹，还不是多么困难的事。但这一片赤诚的真心，实在是太难得了。"

后来，房屋修缮好了，包凭就拉着了凡先生的老父亲，一同到这座寺中游玩，并住在寺中。包凭梦见伽蓝神来道谢说："你的孩子可以世世代代享受官禄了。"后来，他的儿子包汴、孙子包柽芳都中了进士，做了大官。

嘉善支立之父[①]，为刑房吏[②]。有囚无辜陷重辟[③]，意哀之，欲求其生。囚语其妻曰："支公嘉意，愧无以报。明日延之下乡，汝以身事之，彼或肯用意，则我可生也。"其妻泣而听命。及至，妻自出劝酒，具告以夫意，支不听。卒为尽力平反之。囚出狱，夫妻登门叩谢曰："公如此厚德，晚世所稀[④]。

今无子，吾有弱女，送为箕帚妾[⑤]，此则礼之可通者。”支为备礼而纳之，生立，弱冠中魁，官至翰林孔目[⑥]。立生高[⑦]，高生禄，皆贡为学博[⑧]。禄生大纶[⑨]，登第。

【注释】

①支立：曾任浙江嘉善县令，字可兴，号十竹轩主人。

②刑房吏：掌管法律、刑狱事务的官吏。

③重辟：重法，重刑。《陈书·孔奂传》：“时左民郎沈炯为飞书所谤，将陷重辟，事连台阁，人怀忧惧，奂廷议理之，竟得明白。”

④晚世：近世。

⑤箕帚妾：持箕帚的奴婢，比喻地位低下，借作妻妾之称。

⑥翰林：翰林院的官名。翰林之名始于唐代，称为翰林待诏、翰林供奉等，他们都非正式官职。唐玄宗开元二十六年（738）设翰林学士，成为皇帝的机要秘书，竟至号为内相，但也无官职可言。直到辽代始有翰林院之称，元以翰林兼国史院设编修官十员，明代始以翰林院为正式衙门，掌史册制诰文翰之事。其地位日益荣耀。清朝的翰林院，掌修国史、记载皇帝起居注，进讲经书、草拟册立、制诰，以大臣充任。孔目：吏员名，亦称孔目官。唐时集贤院有孔目官，地方藩镇也有孔目官，掌文书档案，收贮图书。因事无大小，一孔一目无不综

理，故名。宋代秘书诸馆、三司、都转运司、王府等均有孔目或都副孔目，任检点文字之责。诸州亦置孔目，有时设都孔目为其首领，总管狱讼、账目、遣发等事务。金设于司、府等官署，地位较一般吏人优越。元改都孔目为都目，置于诸司。明制惟于翰林院置孔目，秩未入流，为低级事务人员；其余诸司改元都目之名为吏目。清代沿置孔目于翰林院，满、汉各一人，升为品官，秩从九品。

⑦高：指支高，嘉善（今属浙江）人，曾为南丰训导。

⑧学博：唐制，府郡置经学博士各一人，掌以五经教授学生。后泛称学官为学博。

⑨大纶：支大纶，字心易，嘉靖四十三年（1563）举人，万历二年（1574）进士，由南昌府教授升泉州府推官，谪江西布政使理问，终于奉新县知县，后辞官而归，著有《支子余集》、《支华平集》。

【译文】

嘉善人支立的父亲曾经当刑房小吏。有个囚犯没有罪却被判了重刑，支父很哀怜他，想让他能活下来。囚犯对妻子说："支先生想救我的好意，我却惭愧地没有什么可以回报的。明天你请他到家里，你用身体侍奉他，他或者愿意尽力，那么我就可以活下来。"他的妻子哭着听从了这个命令。等到支父到了，这位妻子亲自出来劝酒，并把丈夫的意思全部告诉了支父，支父没有听从。最后支公仍然竭尽全力来为囚犯平反。囚犯出狱后，夫妻两人登门来叩谢说："先生这样的大恩大德，是近来少见的。现在您没有儿子，我们有个女儿，想送给您当一个小妾，这在礼法上是行得通的。”支父准备了礼物娶了那个女子，生下了支立，支立年轻时便中了科举，官至翰林孔目。支立生下支高，支高生了支禄，他们都曾为学官。支禄生了支大纶，大纶考中了进士。

【点评】

浙江嘉善支立的父亲，是刑事部门的官吏。有个囚犯无辜被判了重刑，他很哀怜这个囚犯，想为其求得生路。这个囚犯知道后，就告诉他的妻子说：“支公的好意，很惭愧无以为报。明天请他到乡下，你就委身于他吧，如果他肯念在这个情分上，那么我就有活命的机会了。”他的妻子哭着答应了。等到支公到的时候，这个囚犯的妻子就出来劝酒，把她丈夫的意思全部告诉给支公。支公不肯这样做，但还是尽力平反了这个冤案。这个囚犯出狱后，夫妻一起到支公家里磕头致谢道：“像你这样大德的人，近世少有。你没有子嗣，而我有个女儿，愿送给你作为侍奉左右的妾，这在情理上是行得通的。”支公就备了聘礼，把这个囚犯的女儿收纳为妾。在中国古代，纳妾的目的从典律上、理论上说是为了传宗接代。《易经·鼎封》中载：“得妾以其子。”这个妾后来为支公生了儿子支立，刚到二十岁就中了举人，名列第一，职位一直做到翰林院的孔目。支立的儿子支高，支高的儿子支禄，他们都被保荐为学博。支禄的儿子支大纶考中了进士。

凡此十条，所行不同，同归于善而已。若复精而言之，则善有真，有假；有端[1]，有曲；有阴，有阳；有是，有非；有偏，有正；有半，有满；有大，有小；有难，有易：皆当深辨。为善而不穷理[2]，则自谓行持[3]，岂知造孽，枉费苦心，无益也。

【注释】

①端：端正。《商君书·修权》：“君好法，则端直之士在前。”诸葛亮《绝盟好议》：“下当略民广境，示武于内，非端坐者也。”

②穷理：穷究事物之理。表示道德修养的概念，语出《周易·系辞》：“穷理尽性以至于命。”宋代理学家把这一概念和《大学》中“格物致知”合一起来，形成他们“格物穷理”先验论的认识途径。认为穷理是穷尽对事物之理的认识，但“理”主要不是指客观事物的规律属性，而是指先验的精神本体。这个“理”在接触到主体与客体的关系时，便把自身分裂为心之理和物之理。“穷理”就是通过一系列繁琐的“格物”程序，不断用物之理来启发、印证心之理，最后达到两者合一的“豁然贯通”境界。“穷理”的目的，按朱熹的说法是“穷天理，明人伦，讲圣言，通世故”，也就是对封建纲常伦理的认识和推行，这是立身的根本。“穷理”而后，再加以诚敬专一的持守、涵养，也就是“居敬”工夫，两者结合，互相促进，成为理学家认识和修养的基本途径。

③行持：施用。

【译文】

以上共计十条，所行之事或有不同，但都可归于行善。如果更细地来分说，那么行善也有真的和假的；有直的和曲的；有阴有阳；有对的也有错的；有偏的也有正的；有半的也有满的；有大的也有小的；有难的也有易的：这些都应该深入分辨。行善事却不追究事物的情理，那么自以为自己在修行，却不知道有可能在作孽，这样的话就会枉费苦心，徒劳无益。

【点评】

以上所说的十则故事，虽然所做的事各不相同，但共同的地方都是存善心。如果再精细说的话，那么做善事，有真的，有假的；有直的，有曲的；有阴的，有阳的；有对的，有错的；有偏的，有正的；有半的，有满的；有大的，有小的；有困难的，有容易的；其中不同要仔细地深加辨别。事物都有一体两面。《道德经》说："天下皆知美之为美，斯恶已；皆知善之为善，斯不善已。"天下都知道美之所以为美，丑的概念也就存在了；都知道善之所以为善，恶的观念也就产生了。所以"有无相生，难易相成，长短相形，高下相盈"。

如果只是做善事而不推究做善事的道理，就自认为自己在行善事，哪知反而却是造孽，白白浪费了一片苦心，并没有任何好处。对于人们所行善事，要详细剖析，全面看待所作所为。通过对于各个方面的深入考察，才能彰显出什么是值得推崇的真正的善行。

何谓真假？昔有儒生数辈，谒中峰和尚[①]，问曰："佛氏论善恶报应，如影随形。今某人善，而子孙不兴；某人恶，而家门隆盛：佛说无稽矣[②]。"

中峰云："凡情未涤[③]，正眼未开[④]，认善为恶，指恶为善，往往有之。不憾己之是非颠倒，而反怨天之报应有差乎？"

众曰："善恶何致相反？"

中峰令试言。

一人谓："詈人殴人是恶[⑤]，敬人礼人是善。"

中峰云："未必然也。"

一人谓："贪财妄取是恶，廉洁有守是善[⑥]。"

中峰云："未必然也。"

众人历言其状，中峰皆谓不然。因请问。中峰告之曰："有益于人，是善；有益于己，是恶。有益于人，则殴人、詈人皆善也；有益于己，则敬人、礼人皆恶也。是故人之行善，利人者公，公则为真；利己者私，私则为假。又根心者真[⑦]，袭迹者假[⑧]。又无为而为者真，有为而为者假。皆当自考。"

【注释】

①中峰和尚：元代高僧明本，浙江钱塘人。俗姓孙，字中峰，号幻住道人。元仁宗赐号"佛慈圆照广慧禅师"。

②无稽：无从查考，没有根据。黄宗羲《原君》："至

桀、纣之暴，犹谓汤、武不当诛之，而妄传伯夷、叔齐无稽之事。”

③凡情：凡人的情感欲望。

④正眼：正知、正见的眼睛。能够认知正确的见解，也就是远离诸邪知、邪见的如实知见。

⑤詈（lì）：骂，责骂。《战国策·秦策》：“乃使勇士往詈齐王。”张溥《五人墓碑记》：“呼中丞之名而詈之。”

⑥廉洁：语出战国晚期屈原的《招魂》：“朕幼清以廉洁兮。”王逸注为“不受曰廉，不污曰洁”。指洁己存耻的道德心理情感和清正自约、不贪财货、不贪禄位的行为。

⑦根心：发自内心，自觉自愿。

⑧袭迹：注重形迹，沿袭他人的行径，谓取法。《韩非子·孤愤》：“今袭迹齐晋，欲国安存，不可得也。”

【译文】

什么是真假呢？从前有几位儒生，拜谒中峰和尚，问他说：“佛家说善恶报应，就像影子追随身体一样灵验。现在有一个人很好，但他的子孙却不兴旺；有一个人很坏，但他的家族却十分兴盛：佛家的说法看来是没有根据的。”

中峰和尚说：“凡人的情感没有涤荡干净，能认清事物本质的正眼没有打开，就会把善当作恶，把恶当作善，这也是常有的事。不去埋怨自己颠倒是非，却反而埋怨上天的报应有错误吗？”

众人都说：“你说的善恶怎么会相反呢？”

中峰和尚让他们试着举例来说明。

一个人说：“骂人、打人是恶，尊敬、礼遇别人是善。”

中峰和尚说：“不一定是这样的。”

一个人说：“贪图财物去拿本非自己的东西是恶，清廉有操守是善。”

中峰和尚说：“不一定是这样的。”

众人都详细地说了各种情状，中峰和尚都说不一定这样。大家便请他解释一下。中峰和尚告诉大家说：“对别人有益，那就是善；对自己有益，那就是恶。如果能有益于别人，那么骂人、打人也是善；如果对自己有益，那么尊敬、礼遇别人也是恶。所以人们去行善，如果有利于他人那就是为公，为公的就是真的；有利于自己的就是为私，为私的就是假的。另外，发自内心的也是真的，沿袭他人的就是假的。还有不求任何回报而行善的是真善，为了某种目的而行善的是伪善。像这些道理，都需要自己认真地分辨、考察。

【点评】

什么叫做真善、伪善？从前，有几个读书人，参见中峰和尚并质询佛教的善恶报应之理。佛家讲善恶报应，就像影子跟着身体一样，十分快捷灵验。这也是与佛教的因果说相联系的。因是能生，果是所生，有因则必有果，有果则必有因，这就是所谓的因果之理。佛教讲因果，有世间和出世间两种。所谓世间因果，即“苦”和“集”二谛。苦是果，集是因。佛教认为人生是苦的，这种苦果，是因为过去生中造了业因（集），由于业力的牵引，所以感受人生的苦果。所谓出世间因果，即“灭”和“道”二谛。灭

(涅)是果，道是因。佛教认为要摆脱人生的痛苦，就要遵照佛陀的教法去修道，断除烦恼；以修道为因，将来证得涅槃(灭)正果。因果报应是佛家的重要学说，一般所说的"报应"，只是偏指做恶事得恶果而言。

这几个读书人从看到的社会现实出发，对佛教的善恶报应理论予以诘难。他们举例说，现在有某人行善，他的子孙并不兴旺。某人是做恶的，但他的家庭事业却很发达。由此他们认为佛家善恶报应的说法是没有根据的无稽之谈。而佛教的善恶报应之说，是与佛教的三世说相匹配的。"善恶之报，如影随形。三世因果，循环不失"。佛教认为，存在过去、现在、未来"三世"，《因果经》说："欲知过去因者，见其现在果。欲知未来果者，见其现在因。"可见人们现在所受的祸福，是以前世的善恶为因的；而现在的善恶，又会成为后世的因。

中峰和尚不直接为"善恶报应"的理论作辩解，而是论述何为真善、伪善。中峰和尚说："一般人的世俗情见没有洗涤清净，因此还没有打开正知、正见的眼睛，常常有将真善视为恶，将真恶视为善的情况发生。不怪自己是非颠倒，却反过来埋怨上天的报应有了差错。"佛典认为，人们以无常为常，以苦为乐，反于本真事理就有颠倒妄见。也正应了那句话，"假作真时真亦假"。

大家迷惑不解，进而问道："善恶怎么会被弄反呢？"

中峰和尚就让他们试着举几个例子。

一个人说道："骂人、打人是恶，敬爱人、礼敬人是善。"

中峰和尚说："未必都是这样。"

一个人说道："不择手段地贪爱钱财是恶，操守清白是善。"

中峰和尚说："未必都是这样。"

大家纷纷将自己的看法提出来，但中峰和尚都认为未必如此。

所以众人就向中峰和尚请教。中峰和尚告诉他们说："做有益于别人的事，是善；做有益于自己的事，是恶。"春秋末年，剑客要离由伍子胥推荐给吴王，被派去刺杀在卫国避难的公子庆忌。要离为了取得庆忌的信任，行前请吴王杀掉自己妻儿，断己右手，然后假装出逃卫国。到了卫国后，又在庆忌面前大骂吴王，又向庆忌假献破吴之策，与庆忌结为好友。后乘庆忌不备，将其刺死。不知对于剑客要离为了别人，而杀妻断手又要作何评价？

只要对别人有益，即使是打人、骂人也是善。"周瑜打黄盖"，为了获得整个战局的胜利，这也可以说是善了。当时曹操率兵八十万，攻打东吴。在强敌压境的形势下，东吴大将黄盖向主帅周瑜献计，愿受皮肉之苦以往曹营诈降，然后伺机实施火攻，击退曹军。周瑜采纳此计。当周瑜召集众将议事时，黄盖故意大讲曹操不可打，要周瑜弃甲倒戈降曹。周瑜佯装大怒，令人把黄盖拖翻杖脊五十，使得曹操对黄盖投降深信不疑。后在东吴和曹操决战时，黄盖以献东吴粮船为名，前往曹营诈降，而实际却指挥装有引火物的船只来到曹营，顺风点燃这些船只，成功地实行了火攻，大败曹操。

如果只是对自己有益，那么即使恭敬人、礼敬人，也都是恶。秦二世时，丞相赵高阴谋篡位，但又恐怕群臣不服，于是在未动手夺权时先试一下自己的威信。他特地叫人牵来一只鹿献给二世，并当着群臣的面"指鹿为马"，大臣们都畏惧赵高，所以有的人不敢作声，有些人为了讨好赵高，便歪曲事实，随声附和说献上的是马。由此看来这些"指鹿为马"的大臣虽然恭敬赵高，但其行径却实实在在的是"恶"。

所以，人们做善事，能利益别人的就是出于公心，出于公心就是真善。大禹治水，三过家门而不入，是为至公。"外举不避仇，内举不避子"的祁黄羊也是大公无私之人。春秋晋平公时，南阳地方缺了个长官，便征求大夫祁黄羊的意见，祁黄羊推荐了解孤。晋平公很惊奇，问他："解孤不是你的仇人吗？你为什么要推举他？"祁黄羊坦然答道："大王您问我的是谁可以胜任南阳的长官，并没有问谁是我的仇人。"晋平公觉得有理，就委任解孤为南阳长官。解孤到任后，为地方办了不少好事，受到百姓的普遍好评。不久，晋廷要增加一个中军尉，晋平公又请祁黄羊物色，祁黄羊推荐了祁午。晋平公听了就说："你推举儿子，不怕别人说闲话吗？"祁黄羊答道："大王问谁可做中军尉，没有问祁午是不是我的儿子。"孔子听到了上面两件事后称赞道："善哉，祁黄羊之论也，外举不避仇，内举不避子，祁黄羊可谓公矣。"这不能不说是一种大公无私的美德。历史上无数的民族英雄，如岳飞、文天祥、戚继光等等，他们那种为了国家和人民的利益，不屈不挠，历尽磨难，以身殉国的"公"、"忠"精神，在中国历史上熠熠生辉。

而只想自己得到利益的就是私，出于私心的就是伪善。而且发自内心、自觉的行善是真善，模仿别人、做表面文章的是伪善。为善而不求任何回报的是真善，为了某种目的而求回报的是伪善。

像这些道理，都需要自己认真地分辨、考察。

何谓端曲？今人见谨愿之士[①]，类称为善而取之；圣人则宁取狂狷[②]。至于谨愿之士，虽一乡皆好，而必以为德之贼[③]。是世人之善恶，分明与圣人相反。推此一端，种种取舍，无有不谬。天地鬼神之福善祸淫，皆与圣人同是非，而不与世俗同取舍。凡欲积善，决不可徇耳目[④]，惟从心源隐微处[⑤]，默默洗涤。纯是济世之心，则为端；苟有一毫媚世之心，即为曲。纯是爱人之心，则为端；有一毫愤世之心，即为曲。纯是敬人之心，则为端；有一毫玩世之心，即为曲。皆当细辨。

【注释】

①谨愿：谨慎老实，诚实。

②狂狷：指志向高远的人与拘谨自守的人。《论语·子路》："不得中行而与之，必也狂狷乎！狂者进取，狷者有所不为也。"孔子说："如果没有能与循规蹈矩的人为友（可教的学生），那么宁愿和行为激进、性格耿直的人交往。行为激进的人勇于进取，性格耿直的人不肯做坏事。"孔子认为这两者各执于一

偏，不合乎中庸之道。孟子解释说："孔子不得中道而与之，必也狂狷乎！孔子岂不欲中道哉，不可必得，故思其次也。"南宋朱熹又有所发挥："行，道也。狂者，志极高而行不掩；狷者，知未及而守有余。盖圣人本欲得中道之人而教之，然既不可得……故不若得此狂狷之人，犹可因其志而激励裁抑之，以进于中道"（《四书章句集注》）。认为狂狷者，如得良教，可以成为"中行"之人。

③德之贼：道德败坏者。《论语·阳货》："乡原，德之贼也。"

④徇：依从，遵从。柳宗元《封建论》："汉有天下，矫秦之枉，徇周之制。"

⑤心源：佛教名词。以心为万法根源，故曰"心源"。"心"字多义，主要为"集起"义、"本体"义。《菩提心论》说："妄心若起，知而勿随。妄若息时，心源空寂。"天台宗本"一念三千"，主张"反照心源"，通过"止观"双运，以悟佛性。近代谭嗣同从其泛仁论出发，认为"仁为天地万物之源，故唯心，故唯识"，"心源非已之源，一切众生之源也"。他试图通过扩张"心力"、"洁治心源"以度众生。

【译文】

什么是直和曲呢？现在人看到谨慎诚实的人，就一概把他们称为好人并赞赏他们；而像孔子那样的圣人却宁可欣赏狂狷的人。至于那些谨慎诚实的人，虽然周围的人都喜欢他们，但孔子却认为他们是道德的败坏者。这样看来，世人的善恶，分明和孔子的善恶相反。从这一个例子来推测，便可以知道，世界上许许多多的取舍，没有不错误的。天地鬼神对善人降下福报、给恶人降下灾祸，都与孔子有相同的是非标准，却与世俗之见不同。凡是想积累善行的人，决不可以只为了让人看到和听到，只有从心灵最深微的地方，默默地洗涤那些不好的东西。若纯粹是济世救人之心，就是直；若稍有一丝哗众取宠的想法，就是曲。若纯是出于爱人之心，就是直；若有一丝愤世嫉俗之意的，就是曲。若纯是出于尊敬别人的心理，就是直；若有一丝玩世不恭的想法，就是曲。这些都应当仔细分辨。

【点评】

什么叫做直、曲？现在人们看到小心谨慎、敦厚老实的人，大家都称他为善人而肯定他。但是古时的圣贤宁愿欣赏刚强不屈、有原则的人。至于一般看起来谨慎小心的所谓好人，虽然乡里都喜欢他，但由于这种人个性柔弱，欠缺道德的勇气，圣人反而认为他是道德的败坏者。所以世人所说的善恶，分明与圣人完全相反。从这件事上可以推知，世人对事物的种种肯定与否定，没有一件是没有差错的。天地鬼神庇佑善人、报应恶人，他们和圣贤的看法是完全一样的，而不是与世俗的人采取相同的看法。

因此，凡是要行善积德的，决不可只靠自己的眼睛所看见、耳朵所听见的来作为判断的依据，而应从内心最隐秘、细微的地方，默默地省察自己的起心动念，并加以洗涤、净化。纯粹是一颗救济世人的心，这就是端；如果有丝毫讨好世俗的心，那就是曲。纯粹是爱人的心，那就是端；如果有丝毫愤世嫉俗的心，那就是曲。纯粹是尊敬他人的心，那就是端；如果有丝毫玩世不恭的心，那就是曲。像这些都应当仔细地加以辨别。

何谓阴阳？凡为善而人知之，则为阳善；为善而人不知，则为阴德。阴德，天报之；阳善，享世名。名，亦福也。名者，造物所忌。世之享盛名而实不副者，多有奇祸；人之无过咎而横被恶名者[1]，子孙往往骤发。阴阳之际微矣哉。

【注释】

①过咎：过错，错误。敦煌曲子词《十二时》之七："下床开眼是欺谩，举意用心皆过咎。"

【译文】

什么是阴和阳呢？凡是行善事却要别人知道，那就是阳善；而行善事不让人知道，那就是阴德。人有阴德，上天会有福报；人有阳善，会享受世间的名声。名声，就是一种福报。不过，名声也是造物主所忌讳的。世上享有盛名却名不副实的人，常常会遭受到意外的横祸；那些没有过错却无辜地背负恶名的人，子孙后代却往往能飞黄腾达。阴、阳之间的关系实在是太微妙了。

【点评】

什么叫做阴、阳？凡是做善事而被大家知道的，就是阳善；做善事而别人不知道的，就是阴德。有了阴德，上天会给予报偿的；阳善，则会给人带来好的名声，名声也是一种福泽。但是名声也是造物主所忌讳的。世上那些享有盛名，而实际上名实不相符的人，常常会遭受意想不到的灾祸；那些没有什么过错，却意外无辜地背上恶名的人，他的子孙往往突然地飞黄腾达起来。阴阳之间的关系实在是太微妙了。阴阳观念，是中国哲学的一对重要范畴，指元气中相互矛盾的两种基本势力或事物相互对立的两个方面。阴阳观念早在先秦时就已经形成，其原义为日照的向背。后来词义逐渐丰富，阳代表积极、进取、刚强等阳性特性，以及具有这些特性的事物。阴代表消极、退守、柔弱等阴性特性，以及具有这些特性的事物。《易·系辞》提出了“一阴一阳之谓道”的命题，对阴阳的相互对立、相互依存、相互转化作了哲学意义上的概括。老子以“万物负阴而抱阳”的命题最先说明了阴阳的普遍性。阴阳观念作为一种朴素的唯物主义思想和朴素的辩证法思想，对于我国古代的天文、历数、医学的发展起过很大的作用。

何谓是非？鲁国之法，鲁人有赎人臣妾于诸侯[①]，皆受金于府。子贡赎人而不受金。孔子闻而恶之曰：“赐失之矣。夫圣人举事，可以移风易俗，而教道可施于百姓，非独适己之行也。今鲁国富者寡而贫者众，受金则为不廉，何以相赎乎？自今以后，不复赎人于诸侯矣。”

子路拯人于溺，其人谢之以牛，子路受之。孔子喜曰：“自今鲁国多拯人于溺矣。”

自俗眼观之，子贡不受金为优，子路之受牛为劣，孔子则取由而黜赐焉[②]。乃知人之为善，不论现行而论流弊；不论一时而论久远；不论一身而论天下。现行虽善，而其流足以害人，则似善而实非也；现行虽不善，而其流足以济人，则非善而实是也。然此就一节论之耳，他如非义之义，非礼之礼，非信之信，非慈之慈，皆当抉择。

【注释】

①臣妾：西周、春秋时对服贱役的奴隶的一种称谓。男性奴隶称为臣，女性奴隶称为妾，合称为臣妾。

②黜（chù）：贬低。

【译文】

什么叫是？什么叫非呢？鲁国的法令规定，鲁国人如果能从别国诸侯那里把被俘虏过去做奴仆的人赎回来，都可以得到官府的赏金。子贡把被俘虏的人赎回来，却没有接受官府的赏金。孔子听到以后便不高兴地说：“子贡做得不对啊。凡是圣人做事，目的是要去移风易俗，这样，好的教化便可以普及给百姓了，并不只是为了满足自己而去行事。现在鲁国富人少而穷人多，子贡的做法就表示领了赏金就是不廉洁的人，那么谁还愿意去赎人呢？恐怕从今以后，不会再有人向诸侯赎人了。”

子路救了一个溺水的人，那人就送他一头牛作为酬谢，子路接受了。孔子高兴地说：“从此以后，鲁国就会有很多人去拯救掉到水里的人了。”

从俗人的眼光来看，子贡不接受赏金是高尚的，子路接受一头牛的谢礼是不好的，但孔子却赞赏子路而贬斥子贡。由此可知对于人们所做善事的评价，不是要考虑现在的行事而是要考虑延续的结果；不是要考虑一时的效果而是要考虑永久的影响；不是要考虑自身的毁誉而是要考虑天下的风气。现在的行事虽然是好的，但其延续下来的结果却是害人的，那就是表面看像善事但其实却不是善事；现在的行事虽然看上去是不好的，但其延续的结果却可以帮助别人，那就是表面看似乎不是好事但实际上却是好事。不过，这还只是就其中的一部分来讨论的，其他比如有些事像是不义但其实是有义的，有些事像是无礼但其实是有礼的，有些事像是不诚信但其实是诚信的，有些事像是不慈爱但其实是慈爱的，对这些事情的判断都应当有自己的选择。

【点评】

什么叫做是、非？在春秋时代，鲁国的法律规定，鲁国人如果能从别国诸侯那里把被俘过去做臣妾的人赎回来，都可以得到官府的赏金。但是子贡把被俘虏的人赎回来，却没有接受官府的赏金。孔子听到以后，很不高兴地说：“子贡做得不对啊。凡是圣贤的人做任何事情，目的是可以改变不良的风俗，对百姓产生教化的作用，并不只是为了满足自己的心理而去行事。现在鲁国富人少而穷人多，如果领了赏金就被指责为不廉洁，变成贪财的人，那么谁还愿意去赎人呢？恐怕从今以后，不会再有人向诸侯赎人了。”

子路救了一个溺水的人，那人就送他一头牛以作为酬谢，子路接受了。孔子高兴地说：“从此以后，鲁国就会有很多人去拯救掉到水里的人了。”

从世俗的眼光看来，子贡不接受赏金是优，而子路接受赠牛是劣。但是孔子却肯定、赞赏子路，而否定、责备子贡。因此可知人们行善，不能只看他当时的行动效果，还要看将来是否会产生弊端；不能只看一时的效应，还要用长久的目光看待；不能只看个人的得失，还要看对天下大众的影响。当时的行为虽好，而它所造成的影响却足以贻害他人，那么看起来好像是善行而其实并非如此；当时的行为虽不好，而它的影响却会为别人带来好处，那么虽然看起来不像是善行而其实已经是了。当然这些只是就一件事来讨论而已。其他情况，比如看似不义的义举，看似不合乎礼数而实际上却合乎礼数的举动，看似不讲信用而实际上却合乎忠信原则的举动，看似缺乏慈爱而实际上却大慈大悲的行为等，都应当加以辨别。

何谓偏正？昔吕文懿公初辞相位[①]，归故里，海内仰之，如泰山北斗[②]。有一乡人醉而詈之，吕公不动，谓其仆曰：“醉者勿与较也。”闭门谢之。逾年[③]，其人犯死刑入狱。吕公始悔之曰：“使当时稍与计较，送公家责治[④]，可以小惩而大戒。吾当时只欲存心于厚，不谓养成其恶，以至于此。”此以善心而行恶事者也。

【注释】

①吕文懿（yì）公：即明朝人吕原，字逢源，秀水（今

浙江嘉兴）人。正统进士。除翰林编修，历中允、侍讲学士、左春坊大学士。天顺初改通政司参议兼侍讲，入内阁预机务，进翰林学士。天顺六年（1462）遭母丧，因哀毁过度而卒。赠礼部侍郎，谥文懿。有《吕文懿公全集》。

②泰山北斗：泰山高耸，五岳之首；北斗光明，群星之最。比喻德高望重或有卓越成就而为众人所敬仰的人。

③逾年：过了一年。

④公家：泛指官府。杜甫《前出塞》："公家有程期，亡命婴祸罗。"

【译文】

什么是偏、正呢？从前吕原先生刚刚辞去宰相的职位，回到故乡，当时天下人都非常敬仰他，就像对待泰山和北斗星一样。有一个乡下人喝醉酒后辱骂他，吕先生不为所动，并对他的仆人说："不要和喝醉酒的人计较。"并且关了门来避开他。过了一年，那个人因犯了死罪而被捕入狱。吕先生才懊悔地说："假使当时稍微与他计较一下，送到官府惩治一番，便可以通过小小的惩罚让他有所戒惧。我当时只想心存仁厚，没想到反而纵容了他的恶习，以至于到了今天这个地步。"这就是以行善之心却做了不善的事的例子。

【点评】

什么叫做偏、正？有一个好心而做了恶事的例子。从前吕文懿公刚辞掉宰相的职位，回到故乡，因为他为官清廉、公正，所以受到人们的敬爱与尊重，就像对泰山、北极星一样。一位同乡的人喝醉酒后辱骂他，但他不为所动，对他的仆人说："喝醉酒的人，不要和他计较。"于是关起门来不予理睬。过了一年，那个人因犯了死罪而被捕入狱。吕公才懊悔地说："假使当时稍微与他计较一下，送到官府惩治，可以通过小小的惩罚而让他有所规诫。我当时只想心存仁厚，没想到反而纵容了他的恶习，以致到了今天这个地步。"所以，对于不良的行为要及时制止。"千里之堤，溃于蚁穴。"要防微杜渐，以便防患于未然。

又有以恶心而行善事者。如某家大富，值岁荒，穷民白昼抢粟于市。告之县，县不理，穷民愈肆，遂私执而困辱之[①]，众始定。不然，几乱矣。故善者为正，恶者为偏，人皆知之。其以善心行恶事者，正中偏也；以恶心而行善事者，偏中正也，不可不知。

【注释】

①困辱：使受困窘、屈辱。

【译文】

还有出于作恶之心却行了善事的例子。例如，有一户人家很富有，在荒年的时候，穷人竟在光天化日之下在街上抢夺粮食。富人便告到县衙，县里却置之不理，穷人便更加肆无忌惮，于是富人便私下把这些穷人抓起来惩罚，那些抢粮的人才安定下来。要不这样，就可能会酿成大乱。

所以做善事是正，做坏事是偏，这是大家都知道的。而那些出于善心却做了坏事的，却是正中的偏；而出于恶心却做了善事的，是偏中的正。这些道理不可不知道。

【点评】

也有出于恶心而做了善事的。例如，有一家富人，时值荒年，穷人于光天化日之下在街市上强抢粮食。这家富人就告到县衙，县衙置之不理，穷人更加肆无忌惮，于是他便私下叫人把这些抢粮食的人抓起来羞辱、责罚，抢粮的民众才安定下来。如若不然，就要酿成大乱了。

所以善事是正，恶事是偏，这个大家都知道。那些以善心而做了恶事的人，是正中偏；那些以恶心而做了善事的人，是偏中正。这些道理不可不知道。

何谓半满？《易》曰："善不积，不足以成名；恶不积，不足以灭身。"《书》曰："商罪贯盈[1]，如贮物于器。"勤而积之，则满；懈而不积，则不满。此一说也。

【注释】

①贯盈：以绳穿钱，穿满了一贯。多指罪大恶极。

【译文】

什么叫半、满呢？《易经》说："如果不积累善行，就不能成名；如果不积累恶行，也不会造成杀身之祸。"《尚书》说："商纣王的罪恶，就像以绳穿钱，穿满了一贯，好像把东西装满了容器一样。"勤奋地去积累，就是满；懈怠而不去积累，就是半。这是半和满的一种说法。

【点评】

什么叫做半、满？《易经》上说：“如果没有积累善行，就不能够成名；如果不积累恶行，也不会造成杀身之祸。”《尚书》上说：“商纣王的罪恶，就像以绳穿钱，穿满了一贯，好像把东西装满了容器一样。”古代骄奢淫逸的帝王，所以被民众抛弃，就是因为他们日积月累的罪恶罄竹难书。秦始皇实行文化专制政策，“焚书坑儒”，严刑峻法，穷奢极欲，挥霍无度。为了满足其奢侈欲望，建造阿房宫及骊山墓，大兴土木。大规模地巡行全国，使人民的租赋徭役异常繁重。他死后不久，便爆发了陈胜、吴广起义，秦王朝二世而亡。隋炀帝在位期间，营建东都洛阳，修建宫殿和西苑。并开掘运河，开辟驿道，常四出巡游，所到之处，恣意靡费挥霍。徭役苛重，穷兵黩武。各地农民起义不断，后被禁军将领宇文化及等缢杀于江都。

勤加积累，自然就会满了；懈怠而不去积累，那就不会满。这是半善、满善的一种说法。“泰山不让寸壤，故能成其大；河海不择细流，故能就其深”。任何事物的成长都是由小变大，由弱变强，所以力量的积累至为重要。《道德经》中也说：“合抱之木，生于毫末；九层之台，起于累土；千里之行，始于足下。”

昔有某氏女入寺，欲施而无财，止有钱二文，捐而与之，主席者亲为忏悔[①]。及后入宫富贵，携数千金入寺舍之，主僧惟令其徒回向而已。

因问曰："吾前施钱二文，师亲为忏悔；今施数千金，而师不回向，何也？"

曰："前者物虽薄，而施心甚真，非老僧亲忏，不足报德；今物虽厚，而施心不若前日之切，令人代忏足矣。"此千金为半，而二文为满也。

【注释】

①忏悔："忏"是梵文 Ksama（忏摩）音译之略，"悔"是它的意译，合称"忏悔"。原为对人表露自己的过错、求容忍宽恕之意。佛教以忏悔为消除罪业、消除心垢的重要方法。《华严经·普贤行愿品》以"忏悔业障"为菩萨十大行愿之一。《心地观经》："发露忏悔，罪即消除。"佛教也以之制作戒律，规定出家人每半月集合举行诵戒，给犯戒者以查过悔改之机，以后发展成为专以脱罪祈福为目的的一种宗教仪式。

【译文】

从前有某人的女儿进入寺庙，想要施舍却没有财物，只有二文钱，便捐出来给寺中僧人，寺里的主持亲自来为她忏悔。后来这个女子进入皇宫从而大富大贵，她又带了几千两银子到寺庙来施舍，主持僧人却不过只让他的徒弟代他来为其回向而已。

她不禁问道："我从前只施舍二文钱，师父亲自为我忏悔；现在我布施几千两银子，而师父反而不为我回向，这是为什么呢？"

住持回答说："以前你布施的财物虽然少，而你施舍的心意却十分真诚，如果不是我老和尚亲自代你忏悔，便不足以报答你布施的功德；现在你布施的财物虽然丰厚，但布施的心意不如以前那次恳切，所以我叫人代为忏悔就足够了。"这就是说千金也是"半"，而二文却为"满"。

【点评】

从前有个女子到了寺庙里，想要布施却没有钱，只有两文钱而已，就都捐给了寺里，寺里的住持亲自为她忏悔。后来这个女子入了皇宫，大富大贵，带来数千两银子到寺里布施，住持却只让他的徒弟代为回向而已。

她不禁问道："我从前布施两文钱，师父亲自为我忏悔；现在我布施几千两银子，而师父反而不为我回向，这是为什么呢？"

住持说："上次你布施的财物虽然少，而你施舍的心意却十分虔诚，如果不是我老和尚亲自代你忏悔，便不足以报答你布施的功德。现在你布施的财物虽然丰厚，但布施的心意不如上次那么恳切了，所以我叫人代为忏悔就足够了。"这是千金为半善，而二文为满善。善心的满、半并不在于金钱的多少，而以心意的虔诚与否为衡量标准。

钟离授丹于吕祖[①]，点铁为金[②]，可以济世。

吕问曰："终变否？"

曰："五百年后，当复本质。"

吕曰："如此则害五百年后人矣，吾不愿为也。"

曰："修仙要积三千功行[③]，汝此一言，三千功行已满矣。”

【注释】

①钟离：指钟离权，唐五代道士，后演为八仙之一的汉钟离，道教全真派的北五祖之一。按《集仙传》所载：字云房，不知何许人，唐末入终南山。《宣和书谱》称：“神仙钟离先生不知是何时人，自称生于汉，吕洞宾对他执弟子礼，又自称天下都散汉。”因其生平不详，宋以后衍化为：字寂道，号正阳子，又号云房先生，咸阳（今属陕西）人，历仕汉及魏晋，首遇上仙王玄甫得长生诀，再遇华阳真人传太乙刀圭、火符内丹，洞晓玄玄之道。钟离权与吕洞宾对丹道的讨论，由唐代道士施肩吾编为《钟吕传道集》行于世。吕祖：即吕洞宾，名岩，一名岩客；号纯阳子，自称回道人。唐末道士。河中永乐（今属山西）人。全真道奉为北五祖之一。传说在长安遇钟离权，被授以“大道天遁剑法”和“龙虎金丹秘文”，“百余岁而童颜，步履轻疾，顷刻数百里，世以为神仙”。其理论以慈悲度世为成道路径，改外丹为内功，改剑术为断除贪嗔、爱欲和烦恼的智慧，对北宋道教教理的发展，有一定影响。民间对其事迹颇多传说，被奉为“八仙”之一。

②点铁为金：道家称有炼丹术，谓丹有点铁石成黄金的神效。亦作“点石成金”。《列仙传》：“许逊，南昌人。晋初为旌阳令，点石化金，以足逋赋。”宋

道原《景德传灯录》卷十八："灵丹一粒，点铁成金。"

③功行：指修炼所达到的程度。

【译文】

钟离权传授丹方给吕洞宾，于是便可以点铁成金，用来济世救人。

吕洞宾问道："点铁所成的金子最终会再变回来吗？"

钟离权回答说："五百年后，就会恢复它的本质。"

吕洞宾说："这样的话就会害了五百年后的人，我不愿意做这样的事。"

钟离权说："修炼成仙要积累三千件功德，你就这一句话，三千件功德就已经圆满了。"

这是半和满的又一种说法。

【点评】

钟离权当初向吕洞宾传授炼丹的方法，点铁成金，可以用来行善济世。"点铁为金"也就是"黄白术"，是古代炼丹术的重要组成部分。古代以黄喻金，以白喻银，总称"黄白"。人们企图通过药物的点化，将金属变为金黄色或银白色的假金银，又称"药金"或"药银"。制取"黄白"的方技，即称"黄白术"。"黄白术"源于战国燕齐方士的神仙方技，盛行于两汉时期。道教创立后，继承了以往的黄白术成就，与外丹术同步发展。东晋葛洪的《抱朴子内篇》中对黄白术有所论述。梁陶弘景撰有《集金丹黄白方》一卷，可惜早已亡佚。唐代是黄白术的极盛期。唐皇室迷恋丹药，也耽于黄白。宋代是黄白术发展的余绪时期。宋徽宗素好道术，当时受其宠幸的道士林灵素，被赐号“通真达灵玄妙先生”，并授以金牌，任其自由出入宫禁，人称“道家两府”，即道教宰相。据记载林灵素攻击异己，有道人精于黄白之术，于腰间取药少许，用手轻拭于铜炉之上，则成黄金。林灵素因忌此道人有异能而从中作梗，使其不得面见皇上。宋以后道教黄白术逐渐泯灭不传。

因黄白术所造“金银”只不过是一种合成金属，终是伪假之物，所以历史上也不乏对此加以限制的法令。汉景帝前元六年（前151）曾下诏称：“定铸钱伪黄金弃市律。”“弃市”是古代死刑之一，在闹市对犯人执行死刑、陈尸街头示众，以示为大众所遗弃的刑罚。秦汉以前已有弃市刑，汉代的弃市为斩首，魏晋以后则为绞刑。“弃市”的运用，主要为了达到杀一儆百的恐吓作用。

吕洞宾也是对于“点铁成金”的法术不甚信服，因而问道：“点铁成金后还会变回原形吗？”钟离权说：“五百年后，就当复还本原。”五百年当不是确切的说法，只为说明年代久远之后，“点铁成金”之物终会返回原形。吕洞宾说：“这样将贻害五百年后的人了，我不愿做这样的事。”不贪图一时的功利，而遗祸后人。钟离权说：“修炼成仙要先积满三千件功德，你的这一句话，三千件功德就已经圆满了。”

这是半善、满善的又一种说法。

又为善而心不着善，则随所成就，皆得圆满。心着于善，虽终身勤励[①]，止于半善而已。譬如以

财济人，内不见己，外不见人，中不见所施之物，是谓三轮体空[②]，是谓一心清净[③]，则斗粟可以种无涯之福，一文可以消千劫之罪[④]。倘此心未忘，虽黄金万镒[⑤]，福不满也。此又一说也。

【注释】

①勤励：勤劳奋勉。

②三轮体空：亦称“三轮清净”。《般若经》等所说修菩萨六度行的般若法要。三轮，一般指能、所、物（法）。如以布施来说，施者、受施者、所施之物为三轮，体此三者性空无相而离执着，以如此之心行施，称三轮体空、三轮清净。所谓施恩不望报，那才是清净的布施波罗蜜。《能断金刚般若经论》释“摄伏在三轮，于相心除遣”义云：此显所施之物及所施众并施者，于此三处除着相心。其余诸度亦然，皆须三轮清净而行，得称为“波罗蜜”。

③清净：佛教主张离恶行过失，离烦恼垢染，就是“清净”。

④劫：梵语“劫簸”的简称，译为时分或大时，即通常年月日所不能计算的极长时间。

⑤镒（yì）：古代重量单位，合二十两。一说二十四两。《孟子·梁惠王下》：“今有璞玉于此，虽万镒，必使玉人雕琢之。”

【译文】

另外，行善的时候心中并不执着于行善，这样的话就随便行什么善事都可以得到圆满的结果。如果内心执着于行善，即使终生都勤奋而努力，也只不过算是半善而已。就好像拿财物来帮助别人，内心并不考虑自己，对外亦不执着于他人，中间也并不执着于施舍的财物，这就叫作“三轮清净”，也叫作“一心清净”，这样的话一斗米便可以结出无边无际的福报，一文钱便可以消除千万年的罪孽。倘若内心不能忘记所行的善事，即使施舍了万两黄金，福报仍然不得圆满。这是半和满的又一种说法。

【点评】

另外，行善而心里不想着这是善行，那么随便做什么样的善事，都会很圆满。如果心里总想着自己是在行善，虽然终生都很勤勉地做善事，也只能算是半善而已。譬如以财物来帮助别人，内不见自己，外不见所帮助的人，中不见所布施的财物，这就叫做“三轮体空”，“一心清净”，那么一斗米就可以种出无限的福泽，一文钱都可以消弭一千劫所造的罪孽。如果这个心不能忘怀所做的善事，那么哪怕施舍万两黄金，还是不能得到圆满的福。这又是半善、满善的一种说法。

何谓大小？昔卫仲达为馆职[①]，被摄至冥司[②]，主者命吏呈善恶二录。比至，则恶录盈庭，其善录一轴，仅如箸而已。索秤称之，则盈庭者反轻，而如箸者反重。仲达曰：“某年未四十，安得过恶如是多乎？”

曰：“一念不正即是，不待犯也。”

因问轴中所书何事，曰："朝廷尝兴大工，修三山石桥，君上疏谏之③，此疏稿也④。"

仲达曰："某虽言，朝廷不从，于事无补，而能有如是之力。"

曰："朝廷虽不从，君之一念，已在万民；向使听从，善力更大矣。"

故志在天下国家，则善虽少而大；苟在一身，虽多亦小。

【注释】

①馆职：在馆阁任职的官员称馆职。宋沿唐制，在史馆、昭文馆、集贤院、秘阁等馆阁任职的，从直秘阁、直馆、直院到校理、校勘等，均称为馆职。

②冥司：阴间，阴曹地府。

③谏：直言规劝，多用于下对上。《论语·里仁》："事父母几谏。"

④疏稿：奏疏的草稿。

【译文】

什么叫大、小呢？从前有个卫仲达在翰林院任职，他的魂魄被摄到阴曹地府，阎王让鬼吏把他的善恶记录呈上来。等到这两份册子送到后，记录恶事册子堆满了庭院，记录善事的册子却只有一小卷轴，不过像筷子一样粗。拿秤来称量，却发现满院的作恶记录反而很轻；而像筷子那样粗细的善事记录反而很重。卫仲达说："我还不到四十岁，怎么会有那么多的过失、罪恶？"

阎王说："只要一个念头不正，就是罪过，不一定要等你犯了以后才算。"

卫仲达又问那个卷轴中记录的是什么事，阎王回答说："朝廷曾想要大兴土木，修建三山石桥，你上了奏章来劝阻此事，这就是你的奏疏草稿。"

卫仲达说："我虽然进谏了，但朝廷并没有采纳，于事无补，竟然会有这么大的功德。"

阎王说："朝廷虽然没有听从你的建议，但你有这样的念头，便已经功在万民了；如果朝廷听从你的建议，那么善的功德就更大了。"

所以志向在全天下和国家的，善事即使少，其福报却会很大；如果只在自己的，哪怕善事很多，其福报却只会很小。

【点评】

什么叫做大、小？从前有位卫仲达在翰林院任职。有一次他的魂魄被摄到阴曹地府，在那里接受审判。卫仲达到达阴曹地府后，阎王让鬼吏把他的善恶记录呈上来。等到这两份册子送上来，关于他的恶事的记录堆满了庭院，不可胜计，而关于善事的记录却只有一小卷轴，仅如筷子般粗细。拿秤来称量，发现盈庭的恶的记录反而轻；而如筷子般粗细的善事记录的卷轴反而重。卫仲达不解，于是说道："我还不到四十岁，怎么会有那么多的过失、罪恶？"

阎王说："只要一个念头不正，就是罪过，不一定要等你犯了以后才算。"卫仲达又问那个卷轴中所记录的是什么事。阎王回答说："朝廷曾想要大兴土木，修建三山石桥，你上疏劝阻此事，免得劳民伤财，这卷轴中是你的奏疏草稿。”

卫仲达说：“我虽然说了，但朝廷并没有采纳，于事无补，竟然会有这么大的功德。”

阎王说：“朝廷虽然没有听从你的建议，但你的这个念头是为千万的老百姓着想；如果朝廷听从你的建议，那么善的功德就更大了。”

何谓难易？先儒谓克己须从难克处克将去①。夫子论为仁②，亦曰先难。必如江西舒翁，舍二年仅得之束脩③，代偿官银，而全人夫妇；与邯郸张翁，舍十年所积之钱，代完赎银，而活人妻子：皆所谓难舍处能舍也。如镇江靳翁，虽年老无子，不忍以幼女为妾，而还之邻，此难忍处能忍也。故天降之福亦厚。凡有财有势者，其立德皆易，易而不为，是为自暴。贫贱作福皆难，难而能为，斯可贵耳。

【注释】

①克己：约束、克制自己。表示个人道德修养的概念，即按着一定的道德要求约束自己的意思。《论语·颜渊》：“克己复礼为仁。”

②仁：中国古代最重要的道德范畴。“仁”字，从人从二，原意表示人与人之间的亲切关系。孔子发展了“仁”的思想，并使之成为道德规范的核心，孔子

"仁"的基本含义是爱人。孔子把"克己复礼"作为实现"仁"的根本途径。他认为每个人都有实践"仁"的可能性，"为仁由己"，"我欲仁，斯仁至矣"。

③束脩：即十条干肉。《论语·述而》："自行束脩以上，吾未尝无诲焉。"后来多指赠送给教师的酬金。

【译文】

什么叫难、易？儒家先圣说，要克制自己的私欲，就要先从最难克除的地方做起。孔夫子在论述"为仁"的问题时也说要先从最难的地方做起。一定要像江西的一位舒老先生，拿出两年教书的报酬这仅有的收入，替别人偿还欠官府的钱，从而保全了一对夫妇；还有河北邯郸的张老先生，拿出十年的积蓄，代人交还赎金，从而救还了别人的妻儿：这都是将难以割舍的东西施舍给别人。比如江苏镇江的靳老先生，虽然年老没有儿子，但还是不忍心纳幼女为妾，而将其送还给邻居，这是在难以忍耐的情况下而能够克制自己。所以上天也会降下更多的福报。凡是有财有势的人，要想行善立德都很容易，容易而不去做，那是自暴自弃。贫贱的人要行善修福是很难的，艰难而能去做，这就十分可贵了。

【点评】

什么叫做难行、易行的善？儒家先圣说，要克制自己的私欲，就要从难克除的地方做起。孔夫子在论述"为仁"的问题时也说要先从最难的地方做起。一定要像江西的一位舒老先生，拿出两年所挣得的教书的酬金，替别人偿还欠给官府的田赋，从而不致使别人夫妇被拆散。又如河北邯郸的张老先生，拿出十年的积蓄，代人交还赎金，而救还了别人的妻儿。这都是将难以割舍的东西施舍给别人。比如江苏镇江的靳老先生，虽然年老没有儿子，但还是不忍心纳幼女为妾，而将其送还。这些都是在难以忍耐的情况下而能够克制自己。上天必定会降给他们丰厚的福泽。凡是有财有势的人，要想行善立德都很容易，容易而不去做，那是自暴自弃。贫贱的人要行善修福报是很难的，艰难而能去做，这就十分可贵了。

随缘济众[①]，其类至繁，约言其纲，大约有十：第一，与人为善[②]；第二，爱敬存心；第三，成人之美[③]；第四，劝人为善；第五，救人危急；第六，兴建大利；第七，舍财作福；第八，护持正法[④]；第九，敬重尊长；第十，爱惜物命。

【注释】

①随缘：佛家语。谓人生际遇，悉起于因缘。此指随意、随应或随顺机缘，不加勉强。有顺其自然之意。

②与人为善：原指帮助别人一起做好事。今多指善意帮助人。孟子关于道德修养的观念。谓偕同他人一道行善。《孟子·公孙丑上》："（大舜）善与人同，舍己从人，乐取于人以为善……取诸人以为善，是与人为善者也，故君子莫大乎与人为善。"孟子从"性善论"出发，认为人人都能按其本性行善，他人善行，亦己之善行。他赞扬舜能够与别人一同行

善，乐于吸取别人的善行为己所用。所以孟子认为，君子最高的德行便是取人所长，偕与行善。朱熹《四书章句集注》："与，犹许也；助也。取彼之善而为之于我，则彼益劝于为善矣，是我助其为善也。"此词现代语义，指善意助人进步，即从朱熹释义演化而来。

③成人之美：帮助成全别人的好事。语见《论语·颜渊》："子曰：'君子成人之美，不成人之恶。小人反是。'"孔子认为，品德高尚的君子成全别人的好事，不去促成别人的坏事；品德低下的小人则与此相反。君子存心爱人，小人存心害人，这是他们的不同用心。

④护持正法：正法，即四谛等真正之法。谓诸佛、菩萨以大悲心，护持如来正法，使一切邪魔外道，无能恼乱，令诸众生正信乐闻，弘通流布，利益无穷。

【译文】

随缘去济助众人的事情，其种类非常繁多，简单地来列举条目，大概有十种：第一，与人为善；第二，爱敬存心；第三，成人之美；第四，劝人为善；第五，救人危急；第六，兴建大利；第七，舍财作福；第八，护持正法；第九，敬重尊长；第十，爱惜物命。

【点评】

随顺机缘而去做济助别人的事情，并不刻意去做善事。这类事情的种类繁多，文中所列大概有十种。此十种多为传统的民族道德。

何谓与人为善？昔舜在雷泽[①]，见渔者皆取深潭厚泽，而老弱则渔于急流浅滩之中，恻然哀之，往而渔焉。见争者皆匿其过而不谈；见有让者，则揄扬而取法之[②]。期年，皆以深潭厚泽相让矣。夫以舜之明哲[③]，岂不能出一言教众人哉？乃不以言教而以身转之，此良工苦心也[④]！

【注释】

①雷泽：一名雷夏泽。在今山东菏泽东北。《尚书·禹贡》："雷夏既泽。"《史记·五帝本纪》："舜耕历山，渔雷泽。"

②揄扬：宣扬。李白《玉壶吟》："揄扬九重万乘主，谑浪赤墀青琐贤。"

③明哲：明智，洞察事理。也指聪明智慧的人。

④良工苦心：指经营某事的用心之深。杜甫《题李尊师松树障子歌》："老夫平生好奇古，对此兴与精灵聚。已知仙客意相亲，更觉良工心独苦。"

【译文】

什么叫与人为善？从前大舜在雷泽之中，看见打鱼的人都选潭深鱼多的地方，而年老体弱的渔夫便只能在水流湍急的浅滩中捉鱼，舜很怜悯他们，便自己也去打鱼。看见有人争夺的时候便避而不谈；看到有人互相谦让的，就赞赏宣扬并效法他们。过了一年，大家都把潭深鱼多的地方相互谦让出来。以舜的聪明睿智，难道不能说句话来教导众人吗？这是因为他不用言语教导，而是以身作则来转变人们的思想行为，这正是教导众人的良苦用心啊！

【点评】

什么叫做与人为善？从前舜在雷泽，看见打鱼的人都选潭深鱼多的地方，而年老体弱的渔夫便只能在水流湍急的浅滩中捉鱼。舜看到后，很悯恻哀怜他们。于是他自己也去打鱼，看见有人争抢，对于他们的行为不加评判；看见有彼此谦让的，他就加以赞赏宣扬并效法他们。过了一年，大家都把潭深鱼多的地方相互谦让出来。当时以舜的聪明睿智，难道不能说几句话来教导大家吗？这是因为他不用言语教导，而是以身作则来转变人们的思想行为，这真是用心良苦啊。孔子讲“其身正，不令而从；其身不正，虽令不从”（《论语·子路》）。以身作则，以自己的实际行动为别人做出榜样。要求别人遵守的，自己首先遵守；要求别人不做的，自己首先不做。处处起模范作用，是有修养的体现。

吾辈处末世[①]，勿以己之长而盖人，勿以己之善而形人，勿以己之多能而困人。收敛才智，若无若虚，见人过失，且涵容而掩覆之：一则令其可改，一则令其有所顾忌而不敢纵。见人有微长可取、小善可录，翻然舍己而从之，且为艳称而广述之。凡日用间，发一言，行一事，全不为自己起念，全是为物立则，此大人天下为公之度也[②]。

【注释】

①末世：浇末之世代。佛教认为，释迦入灭后五百年为正法时，次一千年为像法时，后万年为末法时。末世，即末法时。

②大人：德行高尚的人。

【译文】

我们正处在社会风气败坏的时代里，不要用自己的长处来盖过别人，不要用自己的善行来与别人相比，不要用自己的才能来难为别人。应该收敛自己的才智，让自己显得似乎没有什么才能一样，看到别人的过失，要能宽容并尽量帮他遮掩：一来让他有改正的机会，另一方面也让他有所顾忌而不敢放纵。看到别人有一点长处可取，有一点善行可以记录，要立刻舍弃自己的来学习，而且要大加称赞与宣扬。凡是在日常生活之中，说一句话，做一件事，都不是出于为自己的私心，而是要为社会树立典范，这才是君子“天下为公”的气度。

【点评】

我们处在社会风气败坏的年代，不可以自己的长处来掩盖别人的长处，不可以自己的善行来与别人相比较，不可以自己的才能来难为别人。收敛才智，虚怀若谷，就像自己没有才识的样子。了凡先生的本意是要劝导人们谦逊包容，其实“收敛才智”，也可以成为一种谋略。宋代大将狄青就曾以这种“大智若愚”之法，取得了战争的胜利。狄青不信鬼神，一次，他率军出战，因对这场战争的胜负没有什么把握，要想法来鼓舞自己的士气。于是大军刚出桂林之南，便拿出一百个铜钱与“神”约定说，如果我的军队真能取得大胜的话，就请您显灵，让铜钱的正面都向上。左右官员以为此法愚蠢，都劝他不要这样做，担心若不如意，会动摇军心。狄青不听劝告，一定要掷铜钱。这时，成千上万的官兵都紧张地注视着狄青，只见他挥手一掷，一百枚铜钱落地，铜钱的正面竟然全部向上。于是全军欢呼，士气倍增，果然打了胜仗。凯旋后，取出封于原地的铜钱一看，原来一百枚铜钱的正反两面都是一样的。狄青是故意装作愚不可及，而实则聪明绝顶。

看到别人的过失，就要多多包涵，为他掩盖。一方面让他有自我改过的机会，另一方面也可以让他有所顾忌，而不敢放纵。看到别人有一点点的长处可供学习，有小小的善心善行，都要舍弃自己的成见，学习他的长处，并且为他们赞叹，广为宣传。孔子也说过：“三人行，必有我师焉。择其善者而从之，其不善者而改之。”“见贤思齐”，自己见到别人的优点就要努力学习；而见到别人的缺点，就要“有则改之，无则加勉”。凡是在日常生活中，说一句话，做一件事，都不是出于为自己考虑，而是要为社会树立典范，这才是君子以“天下为公”的气度。这也深合传统“内圣外王”的思想。“内圣外王”是先秦道家提出的理想人格，后世儒者亦以此标榜。也就是要内有圣人之道德，视生死为一，与天地并存，顺任自然，与造化同往而不傲视万物；外有王者之名，施王者之政。

何谓爱敬存心[1]？君子与小人，就形迹观，常易相混，惟一点存心处，则善恶悬绝[2]，判然如黑白之相反。故曰：君子所以异于人者，以其存心也。君子所存之心，只是爱人敬人之心。盖人有亲疏贵贱，有智愚贤不肖[3]，万品不齐，皆吾同胞，皆吾一体，孰非当敬爱者？爱敬众人，即是爱敬圣贤；能通众人之志，即是通圣贤之志。何者？圣贤之志，本欲斯世斯人，各得其所。吾合爱合敬，而安一世之人，即是为圣贤而安之也。

【注释】

①存心：存有某种心思。犹言居心。存心即自觉存养人的先天道德本性。《孟子·离娄下》："君子所以异于人者，以其存心也。君子以仁存心，以礼存心。仁者爱人，有礼者敬人。爱人者，人恒爱之；敬人者，人恒敬之。"孟子认为，君子与一般人的区别就在于他能够自觉地反省、保养、发扬自己的先天善性，能够按照"仁"、"义"、"礼"、"智"等道德要求去做。

②悬绝：悬殊，相差很大。

③不肖：不才，不贤，不孝。《中庸·行明章》："贤者过之，不肖者不及也。"

【译文】

什么叫爱敬存心？君子和小人，从表面现象看来，常常容易混淆，只有这一点存心，善、恶相差悬殊，如同黑与白那样截然相反。所以说：君子之所以与一般人不同，就在于他们的存心。君子所存的心，只有爱人敬人的心。人有亲近、疏远、高贵、低贱之分，有聪明、愚笨、贤良、败坏之别，然而千万人的品质虽不相同，却都是我们的同胞，也都与我们是一体的，哪个不是应当尊敬、爱护的呢？爱护并尊敬众人，就是爱护和尊敬圣贤；能够与众人心志相通，也是能通圣贤之人的心志。为什么呢？圣贤之人的心志，本来就希望这个世界上所有的人都各得其所。我们对这些人都爱护、尊敬，这样来安定整个世界上的人，也就是代替圣贤来安定他们。

【点评】

什么叫做爱敬存心？君子与小人，从表面现象看来，常常容易混淆。只有这一点存心，善、恶相差悬殊，如同黑与白那样截然相反。所以说：君子之所以与一般人不同，就在于他们的存心。君子所存的心，只有爱人敬人的心。尽管人有亲疏贵贱、智愚贤不肖，千差万别，但都是我们的同胞，都是一体的，难道不是我们应当敬爱的吗？《论语·子路》中说“君子和而不同”，“和而不同”也就是既能保持个性，又能与自己嗜好不同、意见不一的人调和相处。庄子更进一步，要“齐万物”，认为万物是等同、齐一、没有差别的。庄子从道生万物出发，把万物视为道“物化”的暂时形态。在他看来万物的形态变动不居，并非真实的存在，它们循环变易，复归于道。因此，事物没有质的稳定性，从道的观点来看，事物之间并不存在大小、长短、久暂的差别，差别的出现完全是人们主体赋予的。

爱敬众人，就是爱敬圣贤；能够与众人心心相通，也就是与圣贤心心相通。为什么呢？圣贤的心意，本来就是要世界上的人都能够安居乐业、各得其所。我普遍爱敬世人，使他们安泰，那也就是代替圣贤使他们安泰。

何谓成人之美？玉之在石，抵掷则瓦砾，追琢则圭璋①。故凡见人行一善事，或其人志可取而资可进，皆须诱掖而成就之②。或为之奖借，或为之维持，或为白其诬而分其谤，务使成立而后已。

【注释】

①追琢：雕琢。金曰雕，玉曰琢。《诗经·大雅·棫朴》："追琢其章，金玉其相。"圭璋：古代礼玉之一种，为一种贵重玉器。上尖下方曰"圭"，半圭曰"璋"。古礼制诸侯朝王执圭，朝后执璋。古为瑞信之器。

②诱掖：引导和扶助。

【译文】

什么叫做成人之美呢？玉本来藏在石头里，如果不去寻找或者扔掉那就与瓦砾无异，如果四处寻找并精心雕琢那就成为了贵重的圭璋。所以凡是看到有人做了一件善事，或是这个人的志向有可取的地方并且资质有进步的潜力，都一定要引导和奖掖从而极力成就他。或是称赞鼓励，或是协助扶持，或是为他辩白诬陷、分担诽谤，总之一定要使他有所成就之后才停止。

【点评】

什么叫做成人之美？玉本来是藏在石头里面，抛弃不顾也就与瓦砾无异，如果精心雕琢就成为了贵重的圭璋。“玉不琢，不成器；人不学，不知道。是故古之王者。建国君民，教学为先”。璞玉不经过一番琢磨，就成不了贵重的玉器。同样，人不经过一番教育，就不懂得政治和伦常的大道理。所以，自古帝王要建立国家、统治人民，首先要从教育方面着手。并且“君子成人之美，不成人之恶”，所以只要见到别人做一件善事，或是这个人的志向有可取的地方，很有前途，都要引导和扶助并极力成就他。或是称赞鼓励，或是协助扶持，或是为他辩白诬陷、分担诽谤，总之一定要使他有所成就方才罢手。

大抵人各恶其非类，乡人之善者少，不善者多。善人在俗，亦难自立。且豪杰铮铮，不甚修形迹，多易指摘。故善事常易败，而善人常得谤。惟仁人长者，匡直而辅翼之[①]，其功德最宏。

【注释】

①匡直：纠正，端正。语本《孟子·滕文公上》：“劳之来之，匡之直之，辅之翼之。”辅翼：辅佐，辅助。《史记·鲁周公世家》：“及武王即位，旦常辅翼武王，用事具多。”

【译文】

大概来说，一般人都厌恶那些与自己不同的人，乡下善良的人少而不善的人多，所以善人如果处在世俗之中，也难以自立。而且凡是英雄豪杰都铁骨铮铮，不太注重礼法与规矩，所以大多容易被找出毛病来指责。因此做好事反倒容易失败，好人也常常被毁谤。只有仁厚的长者去修正并辅佐善人的善行，这样才会有更多宏大的功德。

【点评】

大概一般人都厌恶异己，乡里善人少而不善的人多，那么善人就常会受到不善的人的排挤。所以人要成为善人、有为之人，其所处的环境就显得尤其重要。为了孟子有个好的成长环境，孟母三迁，择邻而居。孟母带着幼年的孟子，起初住在一所公墓附近。孟子看见人家哭哭哀哀埋葬死人，他也学着玩。孟母认为这样不合适，立刻搬家，住到集市附近。孟子看见商人自吹自夸地卖东西赚钱，他又学着玩。孟母觉得这样也不好，又将家搬到了学堂的附近。这时，孟子开始学习礼节，并要求上学。孟母深感欣慰，认为自己找到了合适的住处。

在善人少而不善的人多的世俗环境里，善人很难自己立得住脚。正如李康《运命论》所说："木秀于林，风必摧之；堆出于岸，流必湍之；行高于人，众必非之。"并且豪杰刚正不阿，不修边幅，多容易被批评指责。所以，做善事常常容易失败，善人也常常被毁谤。面对如此险恶的外部环境，了凡先生认为只有靠仁人长者端正人们的行为，并辅佐善人行善，匡扶正义，才能有所改变，并且这样做的功德也是很宏大的。

何谓劝人为善？生为人类，孰无良心[①]？世路役役[②]，最易没溺[③]。凡与人相处，当方便提撕[④]，开其迷惑。譬犹长夜大梦，而令之一觉；譬犹久陷烦恼，而拔之清凉[⑤]：为惠最溥[⑥]。韩愈云：“一时劝人以口，百世劝人以书。”较之与人为善，虽有形迹，然对症发药，时有奇效，不可废也。失言失人[⑦]，当反吾智。

【注释】

①良心：善良的心，天赋的善心，本性。即仁义之心或善良之心。为孟子首次提出并阐发。孟子道性善，所以他认为，人人都生而固有一个作为道德判断主体的良心：“不忍人之心”，它知善知恶，明辨是非。他说：“所以谓人皆有不忍人之心者，今人乍见孺子将入于井，皆有怵惕恻隐之心，非所以内交于孺子之父母也，非所以要誉于乡党朋友也，非恶其声而然也。由是观之，无恻隐之心，非人也；无羞恶之心，非人也；无辞让之心，非人也；无是非之心，非人也。”（《孟子·公孙丑上》）良心是使人所以能向善的内在根据，“恻隐之心，仁之端也；羞恶之心，义之端也；辞让之心，礼之端也；是非之心，智之端也。人之有是四端，犹其有四体也。”（同上）南宋朱熹注《孟子》曰：“良心者，本然之善心，即所谓仁义之心也。”明清之际的王夫之则主后天良心说，认为良心及其作用是由后天的经验

形成、发生的。他说："必须说个仁义之心，方是良心。盖但这心，则不过此灵明物事，必其仁义而后为良也。"

②役役：辛苦奔走、劳苦不休的样子。张九龄《秋晚登楼望南江入始兴》："滔滔不自辨，役役且何成？"白居易《闭关》："回顾趋时者，役役尘壤间。"

③没溺：沉没，沉迷。

④提撕：提引，扯拉。引申为提醒，振作。韩愈《南内朝贺归呈同官》："所职事无多，又不自提撕。"

⑤清凉：佛教称一切苦、烦恼皆寂灭永息为"清凉"。

⑥溥（pǔ）：广大。《诗经·大雅·公刘》："逝彼百泉，瞻彼溥原。"

⑦失言失人：《论语·卫灵公》："可与言而不与之言，失人；不可与言而与之言，失言。"意即可以与他交谈却不与他交谈，这是失去了可交往的人；不可以和他交谈却和他交谈，这是说话不得当。

【译文】

什么叫劝人为善？生而为人，谁能没有良心？但在俗世之路上追逐奔走，又最容易沉迷堕落。因此，凡是与人相处，应当在合适的时候指点提醒别人，打开他们的迷惑。就好像在长夜漫漫的梦境中，让他们觉醒过来；还好像有人长久地沉陷于烦恼之中，要把他拔出到清凉自在的境界中来：这样做的恩惠最为广博。韩愈说："短时间规劝别人要用口，要在百世里劝人就要用书。"这种劝人为善的方法和与人为善相比较，虽然把痕迹显露在外，但这是对症下药，时常会有神奇的效验，所以不可以废除。如果出现对不该说的人进行规劝和对该说的人没有规劝的情形，那就应当反过来考察自己的智慧。

【点评】

什么叫做劝人为善？人生在世，谁能没有良心？而人在尘世中庸庸碌碌，最容易沉迷堕落。

因此，凡是与人相处，应当设法指点提醒对方。譬如在长夜漫漫的梦境中，令其醒觉过来；譬如长久地沉陷于烦恼之中，而把他拔出烦恼，使其清凉自在，这样做的恩惠最为广博。韩愈说："一时劝人以口，百世劝人以书。"这种劝人为善和与人为善相比较，虽然形迹显露于外，但是对症下药，时常会有神奇的效验，所以不可以废除。如果有失言失人的情形，也就是有的人可以和他交谈却不与他交谈，有的人不可以和他交谈却和他交谈。即如《论语·雍也》中记载孔子之言说："中人以上，可以语上也；中人以下，不可以语上也。"所以就有注云："圣人之道，精粗虽无二致，但其施教，则必因其材而笃焉。"也就是要注意到各人资质的不同因材施教。

如果不能很好地处理"失言失人"的问题，那是因为自己智慧不够，应当反省自己。

何谓救人危急？患难颠沛[①]，人所时有。偶一遇之，当如恫瘝在身[②]，速为解救。或以一言伸其屈抑[③]，或以多方济其颠连[④]。崔子曰："惠不在大，赴人之急可也。"盖仁人之言哉！

【注释】

①颠沛：处境窘迫困顿。

②恫瘝（tōngguān）：病痛，疾苦。

③屈抑：枉屈，压抑。

④颠连：困顿穷苦。

【译文】

什么叫救人危急？处于患难或流离失所的情况，是人们时常会遇到的。如果偶然遇到处于困境中的人，就应当像痛苦在自己身上一样，尽快将他解救。或者说一句话来为他申辩冤屈，或者想方设法救济他的困苦。崔子说："恩惠不在大小，只要能够救人于危急就可以了。"这真是仁德之人所说的话啊！

【点评】

所谓救人危急，就是遇到人们处于艰难困苦的情况就像自己感同身受一样，赶快将他解救。或者说句话为他申辩冤屈，或者想方设法救济他的困苦。崔子说："恩惠不在大，只要能够救人于危急就可以了。"这真是仁德之人所说的话啊！

何谓兴建大利？小而一乡之内，大而一邑之中，凡有利益，最宜兴建。或开渠导水，或筑堤防患；或修桥梁，以便行旅；或施茶饭，以济饥渴；随缘劝导，协力兴修，勿避嫌疑，勿辞劳怨。

【译文】

什么叫兴建大利？小到一个乡村，大到一个城镇，凡是对大家有利的事，最应该去做。或者挖渠引水，或者筑堤防患；或者修建桥梁，以方便过往的人通行；或施舍茶饭，以周济人的饥渴；一有机会就劝导大家，齐心协力做有益的事，不必害怕会有嫌疑，也不要躲避辛苦和埋怨。

【点评】

什么叫做兴建大利？小在一乡之中，大到一县之内，凡是对大家有利的事，最应该去做。“勿以善小而不为。”或者开渠导水，或者筑堤防患；或者修建桥梁，以方便通行；或施舍茶饭，以解除饥渴；一有机会就劝导大家，齐心协力兴建公益，不必避免嫌疑，不要害怕辛劳。

何谓舍财作福？释门万行[①]，以布施为先[②]。所谓布施者，只是舍之一字耳。达者内舍六根[③]，外舍六尘[④]，一切所有，无不舍者。苟非能然，先从财上布施。世人以衣食为命，故财为最重。吾从而舍之，内以破吾之悭[⑤]，外以济人之急。始而勉强，终则泰然，最可以荡涤私情，祛除执吝。

【注释】

①行：佛教指身、口、意的种种造作。

②布施：以福利施与人。所施虽有种种，而以施与财物为本义。

③六根：佛教名词。眼、耳、鼻、舌、身、意，眼是

视根，耳是听根，鼻是嗅根，舌是味根，身是触根，意是念虑之根。根是能生之义，如草木有根，能生枝干，识依根而生，有六根则能生六识。

④六尘：色尘、声尘、香尘、味尘、触尘、法尘。尘是染污之义，就是说其能染污人们清净的心灵，使真性不能显发。又名六境，即六根所缘之外境。

⑤悭（qiān）：吝啬。

【译文】

什么叫舍财作福？佛门千千万万的善行之中，以布施财物最为重要。所谓布施，其实就只是一个“舍”字。通达的人内可以舍掉眼、耳、鼻、舌、身、意六根，外可以舍掉色、声、香、味、触、法六尘，所有的一切，没有舍不得的。如果不能做到这一点，就先从布施财物上做起。世人靠衣食维持生命，所以将财物看得最重。我却将财物舍掉，内可以破除我的吝啬之心，外可以救人于危急。一开始可能会有些勉为其难，最终则会泰然处之，这样最有助于洗涤自己的私心，去除执着贪吝之念。

【点评】

什么叫做舍财作福？佛门的诸多善行中，以布施最为重要。佛教认为“布施”具有无上功德，是一种把福利施于他人、累积功德以求个人解脱的修行方法。小乘佛教将“布施”分作“财施”、“法施”两种。“财施”指将各种财物布施予人，目的在破除个人的吝啬和贪心，以免除未来世的贫困；“法施”指向人说法传教，目的使人成就解脱之智。大乘佛教将“布施”与大慈大悲的教义相联系，用于普度众生，故“布施”的对象遍及一切有情，并把它纳入大乘佛教的修习方法“六度”之中。“六度”，意为使人们由生死此岸到达涅槃彼岸的六种途径和方法。

所谓布施，就只是一个“舍”字。明白通达的人内可以舍掉眼、耳、鼻、舌、身、意六根，外可以舍掉色、声、香、味、触、法六尘，所有的一切，没有舍不得的。外无所攀缘的万法，内心又无一识生起。庄子亦有“吾丧我”的观念，出自《庄子·齐物论》。“吾”是我，真我；“丧”为忘，忘我为去除自我偏见或意识。指忘记自我，与自然和社会融为一体的境界。如果不能做到这一点，就先从布施财物上做起。世人靠衣食维持生存，所以将财物看得最重。我却将财物舍掉，内可以破除我的吝啬之心，外可以救人于危急。一开始可能会有些勉为其难，最终则会泰然处之。这样最有助于洗涤干净自己的私心，去除执着贪吝的念想。

何谓护持正法？法者，万世生灵之眼目也。不有正法，何以参赞天地[①]？何以裁成万物？何以脱尘离缚？何以经世出世[②]？故凡见圣贤庙貌、经书典籍，皆当敬重而修饬之。至于举扬正法，上报佛恩，尤当勉励。

【注释】

①参赞：参与并协助。

②出世：超脱人世，脱离世间束缚。又作“出世间”，

佛教认为一切生死之法为世间，涅槃之法为出世间。具体说来，苦集二谛为世间，灭道二谛为出世间。前者说生来即苦，说明人生缘起之理，表明人生的逼迫性和招感性；后者说灭寂、解脱才是佛教的追求，指出解脱的途径和方法，表明人生的可证性和可修性。

【译文】

什么叫护持正法？所谓的法，是万世生灵的眼目。没有正法，拿什么去参与谋划天地的造化？拿什么去分别万物？拿什么来挣脱尘世的束缚？拿什么来经理世务以达到出世的境界？所以凡是看到圣贤和佛家的像、经书典籍，都应当敬重并加以修缮整理。至于弘扬正法，报答佛祖超度的洪恩，尤其应当劝勉鼓励。

【点评】

本段主要解释什么叫做护持正法。法是万世生灵的眼目。没有正法，怎么可以去参与天地的造化？怎么可以使天地万物有序地化育生长？怎么可以挣脱尘世的束缚？怎么可以经理世务，超脱虚幻的世间束缚？所以凡是看到圣贤的庙宇形象、经书典籍，都应当敬重，而加以修缮整理。至于弘扬正法，报答佛祖超度的恩德，尤其应当劝勉鼓励。

何谓敬重尊长？家之父兄，国之君长，与凡年高、德高、位高、识高者，皆当加意奉事。在家而奉侍父母，使深爱婉容[①]，柔声下气，习以成性[②]，便是和气格天之本[③]。出而事君，行一事，毋谓君不知而自恣也[4]。刑一人，毋谓君不知而作威也。事君如天，古人格论[5]，此等处最关阴德。试看忠孝之家，子孙未有不绵远而昌盛者，切须慎之。

【注释】

①婉容：和顺的仪容。《礼记·祭义》："孝子之有深爱者，必有和气；有和气者，必有愉色；有愉色者，必有婉容。"

②习以成性：养成习惯，即成本性。

③格天：感通于天。

④自恣：放纵自己，不受约束。

⑤格论：精当的言论，至理名言。

【译文】

什么叫敬重尊长？一家的父亲、兄长，一国的君主、长官，以及凡是年事高、德行高、职位高、识见高的人，都应当小心服侍。在家里服侍父母，要内本之于深爱，外表和颜悦色，时间久了便成为本性，这就是和气感通上天的根本。在外事奉君王，每做一件事情，不要以为君王不知道就恣意妄为。每惩罚一个人，不要以为君王不知道就作威作福。事奉君王就要像事奉上天一样，这是古人的格言。而这些方面与人的阴德最有关联。试看忠孝的人家，子孙没有不连绵不绝而且兴隆昌盛的。所以，一定要格外谨慎小心。

【点评】

什么叫做敬重尊长？家庭中的父兄，国家的君长，以及凡是年事高、德行高、职位高、识见高的人，都应当小心服侍。古代社会家国同构，家庭与国家、社会的结构是相同的。君、臣、民是古代传统的社会结构，它不过是放大了的家庭结构。“君主”相当于社会中的“家长”，居统治地位，负责发号施令；“臣”为社会里的“家属”，负责执行君主的命令、管理人民；“民”则为社会中的“家奴”，为社会的最底层。“身修而后家齐，家齐而后国治，国治而后天下平”。自身修养好了，家政治理好了，国家也就能治理好了。所以服侍好父母才能事奉好君主。在家里服侍父母，要和颜悦色，柔声下气，养成习惯，以成本性，这就是和气感通上天。在外事奉君王，每做一件事情，不要以为君王不知道就恣意妄为。每刑讯一个人，不要以为君王不知道而作威作福。事奉君王就像事奉上天一样，这方面与人的阴德关联最为密切。试看忠孝的人家，子孙没有不连绵不断而且兴隆昌盛的。所以，一定要格外谨慎小心。

古代中国深受“三纲五常”思想的影响。“三纲五常”来源于先秦儒家“君君、臣臣、父父、子子”的伦理思想和仁义道德的说教，董仲舒为论证其合理性和永恒性，用“天人感应论”给“三纲五常”披上了神学外衣。认为君臣、父子、夫妻之义，皆取于阴阳之道。君为阳，臣为阴；父为阳，子为阴；夫为阳，妻为阴。天之道就是阳尊阴卑，阳贵阴贱，阳永远处于主导地位，阴永远处于从属地位。臣侍君、子侍父、妻侍夫是天经地义。因为“君为臣纲”是第一纲，君主秉天意而行事，所以，君主依天意而行事谁也不能违背。事君如事天，否则，上违天意，下抗君主，违背“五常”，必遭惩罚。董仲舒宣布：天不变，道亦不变。因此，“三纲五常”依据天意永远也不能改变，这就使“三纲五常”固定化、系统化、神学化了。“三纲五常”学说是儒家宗法等级思想和宗法等级制度的最直接、最典型的表现。

何谓爱惜物命？凡人之所以为人者，惟此恻隐之心而已[①]；求仁者求此，积德者积此。《周礼》：“孟春之月，牺牲毋用牝[②]。”孟子谓君子远庖厨，所以全吾恻隐之心也。故前辈有四不食之戒，谓闻杀不食，见杀不食，自养者不食，专为我杀者不食。学者未能断肉，且当从此戒之。

【注释】

①恻隐：怜悯，不忍，同情。

②牝（pìn）：雌性的兽类，也泛指雌性。《史记·龟策列传》：“禽兽有牝牡。”

【译文】

什么叫爱惜物命？人之所以成为人，就是因为人都有恻隐之心罢了。追求仁的人就是要求这个，积累德行的人也是要积这个。《周礼》说：“早春的时候，祭祀用的牲畜不要用母的。”孟子说，君子应当远离厨房，这就是为了要保全我们的恻隐之心。所以前辈就有“四不食”的禁忌，是说听到宰杀声音的不吃，看到宰杀场面的不吃，自己喂养的不吃，专门为我宰杀的不吃。人们无法完全断绝吃肉，就应当先从这几条来戒。

【点评】

人之所以算作是人，就是因为人有恻隐之心。求仁的就是要求这些，积德的也是要积这些。恻隐之心集中反映了孟子的道德起源论和人性论。孟子认为，人生来的本性中，就有善的因素。他说：“人性之善也，犹水之就下也，人无有不善，水无有不下。”在他看来，人性本身是善的，这是一种天生的本性，恻隐之心人人具有。孟子还进一步认为恻隐之心是“仁义”的开始，他把“恻隐之心”、“羞恶之心”、“辞让之心”、“是非之心”叫做“四端”。“四端”如能发展起来，就形成了“仁”、“义”、“礼”、“智”这“四德”。“四德”是“四端”的发展。有了“四德”人就具有了善心。那么为什么有些人不仅不善，反而凶狠残暴？他认为那是因为这些人不注意善的方面，不注意培养和扩大善的结果，也就是没有发扬恻隐之心的结果。

《周礼》上说：“早春的时候，祭祀用的牲畜不要用母的。”孟子说，君子应当远离厨房，这就是为了要保全我们的恻隐之心。所以前辈就有“四不食”的禁忌，说的是听到宰杀的声音不食，看到宰杀的场面不食，自己喂养的不食，专门为我而宰杀的不食。后来的人们无法断绝吃肉，不妨先从这几条禁戒开始做起。

渐渐增进，慈心愈长。不特杀生当戒，蠢动含

灵[1]，皆为物命。求丝煮茧，锄地杀虫，念衣食之由来，皆杀彼以自活。故暴殄之孽[2]，当与杀生等。至于手所误伤，足所误践者，不知其几，皆当委曲防之。古诗云："爱鼠常留饭，怜蛾不点灯。"何其仁也！

【注释】

①蠢动含灵：犹指一切众生。

②暴殄（tiǎn）：糟踏毁坏。杜甫《又观打鱼》："吾徒何为纵此乐，暴殄天物圣所哀。"

【译文】

循序渐进，慈悲之心不断增长。不只是应当戒除杀生，那些蠢动的动物其实也都有灵性，也都是有生命的。抽取蚕丝时要煮茧，锄地的时候要杀死虫子，想想我们衣食的由来，都是以杀害别的生命来养活自己。所以糟踏浪费衣食的罪孽，应当与杀生等同。至于手下误伤的，脚下误踩的，不知道有多少，都应该想方设法地去防止。古诗说："爱鼠常留饭，怜蛾不点灯。"这是多么仁慈啊！

【点评】

循序渐进，日积月累，慈悲心不断增长。不只是应当禁戒杀生，包括低等生物等一切众生都是有生命的，都应当爱惜。抽取蚕丝时要煮茧，锄草耕地时要杀死虫子，想想我们衣食的由来，都是以杀害别的生命来存活自己。所以糟踏、毁坏衣食的罪孽，实在是与杀生相等同。至于手下误伤的，脚下误踩的，不知道有多少，都应该想方设法地仔细提防。古诗说："爱鼠常留饭，怜蛾不点灯。"这是多么仁慈啊！人要以慈悲为怀，与地球上的各种物种和谐相处，不可以自我为中心，肆意攫取自然资源。

善行无穷，不能殚述①；由此十事而推广之，则万德可备矣。

【注释】

①殚（dān）：尽，竭尽。

【译文】

善行是无穷无尽的，无法仔细罗列陈述；由这十件事推而广之，那么各种德行就都可以完备了。

【点评】

善行无穷无尽，一时难以说尽，由这十个方面推衍开来，那么各种德行就都完备了。善事善行难以详述殆尽，即使举例十分完备，仍难将全部都网罗进去。挂一漏万，也就在所难免。惟有提纲挈领地列出几个条目，方免顾此失彼之虞。

第四篇　谦德之效

《易》曰："天道亏盈而益谦，地道变盈而流谦[①]，鬼神害盈而福谦，人道恶盈而好谦。"是故谦之一卦[②]，六爻皆吉[③]。《书》曰："满招损，谦受益。"予屡同诸公应试，每见寒士将达[④]，必有一段谦光可掬。

【注释】

①流：流布，充实。

②卦：《易经》中象征自然现象和人事变化的一套符号。由以一长划表示的阳爻和两短划表示的阴爻配合而成。古时用以占验吉凶。

③爻：构成《易经》之卦的基本卦画，作为符号，爻是指代表阳和阴的爻画。其哲理内涵，有交错和变易等义。

④寒士：原指出身寒微的读书人，其社会地位低下。《晋书·儒林传·范弘之》载："下官轻微寒士，谬得厕在俎豆，实惧辱累清流，惟尘圣世。"在门阀士族制度高度发展的魏晋南北朝，寒士难于担任高官。《南史·袁粲传》载："袁濯儿不逢朕，员外郎未可得也，而敢于寒士遇物。"后泛指贫苦的读书人。杜甫在《茅屋为秋风所破歌》中写道："安得广厦千万间，大庇天下寒士俱欢颜，风雨不动安如山！"

【译文】

《易经》说："上天的规律是亏损盈满而增益谦虚的，地的规律是改变满盈而流向谦下的，鬼神是损害盈满而福佑谦让的，人的心理是厌恶盈满而爱好谦虚的。"所以谦卦中的六爻都是吉利的。《尚书》说："盈满会招来亏损，谦虚会收获益处。"我多次同大家一起参加科举考试，每次见到有贫寒的士子将要发达，就必定会先有一段谦虚的光彩流露出来。

【点评】

了凡先生征引古书，以说明谦虚之德的重要。《易经》说："天道的规律是亏损盈满而增益谦虚的，地道的规律是改变盈满而流向谦下的，鬼神是损害盈满而福佑谦让的，人的心理是厌恶盈满而爱好谦虚的。"此举"天道"、"地道"、"鬼神"、"人道"为例，说明宇宙间的事理无不抑满扶谦。《道德经》将道、天、地、人称之为宇宙的"四大"。并且说："人法地，地法天，天法道，道法自然。"《阴符经》也说："观天之道，执天之行，尽矣。"中国传统思想认为"天人同构"，人自身就是一个小宇宙，与天地的运行规律相一致。人只要了解天地运行的规律，效法自然，修身养性，就能够"与天地合其德，与日月合其明，与四时合其序，与鬼神合其吉凶"，从而达到"天人合一"的境界。

谦卦中的六爻都是吉利的。《尚书》中说："盈满必定招来亏损，谦虚谨慎就会获益。"也就是说，谦虚使人进步，骄傲使人落后。《道德经》中有："持而盈之，不如其已；揣而锐之，不可长保。金玉满堂，莫之能守；富贵而骄，自遗其咎。”主张柔弱处下，虚己待物，不可利令智昏。越是在有利的形势下，越要保持清醒的头脑。《三国演义》中曹操在消灭袁绍，统一北方之后，又挥师南下，打算统一全国。曹操自以为在军事上占有绝对优势，根本不把孙权和刘备放在眼里。但曹军不习水战，且远道而来，长期连续作战，士卒筋疲力尽，如强弩之末。孙刘联军适时抓住战机，根据曹军战船连在一起易受火攻的弱点，火烧曹军战船，一时间“樯橹灰飞烟灭”，大火一直延烧到岸上的军营，曹军被烧死和溺水而亡者甚多。最终曹操大败。

另外，东晋孝武帝太元年间，前秦苻坚在统一了北方之后，也野心勃勃地向江南扩张，决定渡江攻伐东晋。其臣下纷纷劝谏，苻坚不听，狂傲地认为东晋虽有长江为屏，但难以固守。前秦军队众多，每人将马鞭投入长江，就可以截断江流。这也是成语“投鞭断流”的由来。于是苻坚率领大军，浩浩荡荡地进军东晋。后来双方在淝水边展开大战。苻坚站在城楼上，一眼望去，只见对岸晋军布阵整齐，将士精锐，误以为八公山上“草木皆兵”，颇为惊慌。由于秦军紧逼淝水西岸布阵，晋军无法渡河，只能隔岸对峙。晋军施计，以摆开战场决一死战为名，让秦军后撤。但是秦兵士气低落，结果一后撤就失去控制，阵势大乱。晋军趁机大举追击，秦兵大败溃逃，沿途也不敢停留，听到“风声鹤唳”，都以为是晋军追来，人马相踏而死者，满山遍野。苻坚本人也中箭负伤，狼狈逃回洛阳。

辛未计偕[①]，我嘉善同袍凡十人[②]，惟丁敬宇宾[3]，年最少，极其谦虚。

予告费锦坡曰："此兄今年必第。"

费曰："何以见之？"

予曰："惟谦受福。兄看十人中，有恂恂款款、不敢先人[4]，如敬宇者乎？有恭敬顺承[5]，小心谦畏，如敬宇者乎？有受侮不答、闻谤不辩，如敬宇者乎？人能如此，即天地鬼神，犹将佑之，岂有不发者？"

及开榜，丁果中式[6]。

【注释】

①辛未：指1571年。计偕：举人赴京会试。

②同袍：泛指朋友、同年、同僚、同学等。许浑《晓发天井关寄李师晦》："逢秋正多感，万里别同袍。"

③丁敬宇宾：即丁宾（1543—1633），字敬宇，又字礼原，号改亭，嘉善（今属浙江）人，隆庆五年（1571）进士。任句容知县，后任御史，迁南京右佥都御史兼提督操江、南京工部尚书，后累加至太子太保，卒谥清惠，著有《丁清惠公遗集》。

④恂恂：温和恭顺的样子。《论语·乡党》："孔子于乡党，恂恂如也，似不能言。"款款：诚恳忠实的样子。司马迁《报任少卿书》："诚欲效其款款之愚。"

⑤顺承：顺从承受。

⑥中式：科举考试被录取称为中式。《说文》："式，法也。"中式即符合录取的法定手续。《明史·选举志

二》:“三年大比，以诸生试之直省，曰乡试，中式者为举人。次年，以举人试之京师，曰会试，中式者，天子亲策于廷，曰廷试，亦曰殿试。”

【译文】

辛未年举人们赴京会试，我们嘉善的同学共有十人，其中只有丁宾字敬宇的，年纪最轻，为人非常谦虚。

我告诉费锦坡兄说:“这位丁兄今年一定能考上。”

费锦坡问:“何以见得呢？”

我说:“只有谦虚才能受到福报。费兄你看看这十人中间，有像敬宇兄那样温和而诚恳、不敢在人之先的人吗？有像敬宇兄那样对人恭恭敬敬、小心谨慎就像有所畏惧一样的人吗？有像敬宇兄那样受到侮辱也不反驳、听到毁谤也不辩解的人吗？人能做到这些，就是天地鬼神，也会保佑他的，还能不发达吗？”

等到名单公布，丁宾果然考中了。

【点评】

辛未年，了凡先生与来自嘉善的同学，共有十人，参加京城举行的会试。按照明代科举取士制度，会试每三年一次在京城举行，各省乡试中式的举人皆可应试。考试地点在礼部。因汉代应举之人均用公家车马接送，所以古人也以“公车”代称会试的举人。清末光绪年间的“公车上书”运动就是发生在举人赴京参加会试期间。当时正值甲午战败之后，李鸿章赴日本签订《马关条约》，这激起全国人民的反对。参加会试的康有为集各省举人在今北京宣武门外的松筠庵起草上光绪帝书，提出迁都、变法、练兵、拒和等主张，在社会上产生了深刻而广泛的影响。

与了凡先生一同应试的人中有一个名叫丁宾，号敬宇的，年纪最轻，为人非常谦虚。结合上面“人道恶盈而好谦”的理论，了凡先生认为“谦光可掬”的丁敬宇必将发达，于是对同行的费锦坡说：“这位仁兄今年一定考中。”费锦坡说：“你是怎么看出来的？”了凡先生就说：“只有谦虚的人才有福气。你看我们这十人当中，有谁能像丁敬宇那样温和恭顺、诚恳忠实、不为人先？有谁像丁敬宇那样毕恭毕敬、谨小慎微？有谁像丁敬宇那样受到侮辱、听到有人诽谤也不开口辩解？一个人能够做到这样，就是天地鬼神也都要保佑他，哪有不飞黄腾达的道理？”了凡先生全面阐述了丁敬宇谦让不争的品德，这也是道家所极力提倡的优秀品质。老子在《道德经》中将其所提倡的道德原则总结为“三宝”，“一曰慈，二曰俭，三曰不敢为天下先”。“不敢为天下先”，就是指谦让不争，柔顺处下。

等到发榜，不出所料，丁敬宇果然考中进士。

丁丑在京①，与冯开之同处②，见其虚己敛容③，大变其幼年之习。李霁岩直谅益友④，时面攻其非，但见其平怀顺受，未尝有一言相报。予告之曰：“福有福始，祸有祸先。此心果谦，天必相之。兄今年决第矣。”已而果然。

【注释】

①丁丑：指1577年。

②冯开之：名梦祯，字开之，嘉兴府秀水县（今属浙江）人。明神宗万历年间，高中会试第一名会元。官至翰林院编修。

③敛容：正容，显出严肃的神色。

④直谅：正直诚信。语出《论语·季氏》："益者三友……友直，友谅，友多闻，益矣。"

【译文】

丁丑年在京师，我与冯梦祯先生住在一起，看到他虚怀若谷，神情庄重，完全改变了幼年时的习性。李霁岩先生是他正直诚信的诤友，时常当面指摘他的错误，只见他心平气和地虚心接受，不曾回报一句气话。我告诉他："福有福的根源，祸有祸的先兆。心中果然谦虚，上天一定会相助的。老兄今年一定会考中的。"后来果然考中了。

【点评】

丁丑年，在京师，了凡先生与冯开之住在一起，看到他虚怀若谷，神情庄重，完全改变了幼年时的习性。想来冯开之幼年之时必是年轻气盛，狂傲不羁，锋芒毕露。他的好友李霁岩正直诚实，心直口快，不顾及别人的感受和颜面，时常当面指摘他的过失，只见他心平气和地虚心接受，不曾回报一句气话。"直谅"语出《论语》，是孔子对于良友、益友的品质的论述。孔子认为和正直、诚实以及见识多的人交朋友，这是有益的。而和逢迎谄媚、花言巧语以及当面奉承、背后毁谤的人交朋友，则是有害的。和"直谅"之友相交，可以互相学习，相互提携进步。这是相对于择友而言，而如果是君臣之间，如此当面指责帝王，则难免会惹来杀身之祸。人们常以触动“逆鳞”来比喻因劝谏而惹怒帝王。“逆鳞”语出《韩非子·说难》，据传龙喉下有逆向生长的鳞片，如果有人触动逆鳞，则必定会激怒龙而惹来杀身之祸。夏桀时，大夫关龙逄辅政，直言敢谏。桀作酒池，淫逸放荡，荒于政事，关龙逄竭力劝阻，桀拒不纳谏，并且将其杀掉。所以历史上敢于直言进谏的贤臣，也会考虑进谏的艺术，曲折委婉地将意思表达出来。如《战国策·齐策》中“邹忌讽齐王纳谏”，《战国策·赵策》中“触龙说赵太后”，都是很好的例证。

了凡先生见冯开之虚己待人，就告诉他：“福有福的根源，祸有祸的先兆。心中果然谦虚，上天一定会相助的。老兄今年一定会考中及第的。”在事物萌生的前期，必有征兆显露。了凡先生将谦逊的品质作为考中及第的征兆来看待。而后来冯开之也果然考中了。

赵裕峰光远[①]，山东冠县人，童年举于乡，久不第。其父为嘉善三尹[②]，随之任。慕钱明吾，而执文见之。明吾悉抹其文，赵不惟不怒，且心服而速改焉。明年，遂登第。

【注释】

①赵裕峰光远：即赵光远，字裕峰，冠县（今属山东）人，中万历十七年（1589）进士。

②三尹：明朝编制，知县称大尹，县丞称二尹，主簿称三尹，又称少尹。

【译文】

赵裕峰，名光远，是山东冠县人，不满二十岁就考中举人，此后却多年未考中进士。他父亲任职嘉善三尹，他跟随父亲到任。他仰慕当地饱学之士钱明吾，就带着自己的文章去请教。钱明吾把他的文章全部否定了，赵裕峰不但不生气，而且心悦诚服地迅速改正自己的文章。第二年，赵裕峰考中了进士。

【点评】

赵裕峰，名光远，是山东冠县人，还不满二十岁就考中举人，以后参加会试，却多年都没考中进士。科举进仕之路并非一帆风顺，越到后来竞争也就越激烈。他的父亲任职为嘉善县的主簿，他跟随父亲到任。他很仰慕当地饱学之士钱明吾的才学，便带着自己的文章去请教。钱明吾把他的文章全部否定，他不但不生气，而且心悦诚服，虚心接受，并迅速改正自己的文章。诗人白居易作诗后，常常先念与老妇听，并听取她们的意见，然后修改，直到她们听懂为止。唐太宗李世民也说："以铜为镜，可以正衣冠；以古为镜，可以知兴替；以人为镜，可以明得失。"谦虚使人进步，此言不虚。

赵裕峰虚心听取别人意见后，果然在第二年就进士及第了。

壬辰岁[①]，予入觐[②]，晤夏建所[③]，见其人气虚意下，谦光逼人。归而告友人曰："凡天将发斯人也，未发其福，先发其慧。此慧一发，则浮者自实，肆者自敛。建所温良若此[④]，天启之矣。”及开榜，果中式。

【注释】

①壬辰：指1592年。

②入觐（jìn）：指地方官员入朝觐见帝王。

③夏建所：即夏九鼎，字玉铉，又字建所，号璞斋，嘉善（今属浙江）人。受业顾宪成，万历二十年（1592）进士，授浮梁知县，改衢州府学教授，卒于途。

④温良：温和善良。儒家所倡导的五种德行：温、良、恭、俭、让。出自《论语·学而》。

【译文】

壬辰年，我入京觐见皇帝，遇到了夏建所，见此人虚己待人，谦虚之光逼人。我回去后告诉朋友说：“凡是上天将要使某个人发达的时候，在降福给他之前，先开启他的智慧。这个智慧一经启发，则浮躁的人自然变得沉稳，放肆的人自然会有所收敛。夏建所这样的温和善良，一定是上天启发了他。”等到发榜，他果然中了进士。

【点评】

壬辰年，了凡先生到京城觐见皇帝。先秦时代诸侯朝天子称“觐”，后世之王公百官、外国使节等进谒皇帝，称“觐见”。了凡先生在京城遇见了夏建所，见他神情谦逊，谦光逼人。了凡先生回去后告诉朋友说：“凡是上天将要使某个人发达的时候，在降福给他之前，先开启他的智慧。

这个智慧一经启发，则浮躁的人自然变得沉稳，放肆的人自然会有所收敛。夏建所这样的温和善良，一定是上天启发了他。”等到发榜，夏建所果然中了进士。了凡先生认为，只要是有才智之人，一定会谦虚沉稳。这有一定的道理，恃才放旷、锋芒毕露之人常会惹来灾祸，如三国时的杨修，聪敏过人，最能揣度曹操心思，恃才自傲，结果到最后被曹操伺机寻找借口杀掉了。

江阴张畏岩，积学工文，有声艺林。甲午[①]，南京乡试，寓一寺中，揭晓无名，大骂试官，以为眯目。时有一道者，在傍微笑，张遽移怒道者[②]。道者曰：“相公文必不佳[③]。”

张益怒曰：“汝不见我文，乌知不佳？”

道者曰：“闻作文，贵心气和平，今听公骂詈，不平甚矣，文安得工？”

张不觉屈服，因就而请教焉。

【注释】

①甲午：指1594年。

②遽（jù）：立刻，马上。

③相公：旧时称读书人为相公。明、清科举考试进学成秀才的人，也被称为相公。

【译文】

江苏江阴的张畏岩，积累学识工于文章，在读书人中小有名气。甲午年，参加南京的乡试，他借住在一个寺院中，等到揭榜，他却榜上无名，于是破口大骂考官有眼无珠。当时有一位道人在旁边微笑，张畏岩马上又迁怒于这位道人。道人说："相公的文章一定写得不好。"

张畏岩更加生气地说："你又没有见过我写的文章，怎么知道不好？"

道人说："听说写文章，贵在心平气和。现在听你这样怒骂，心情不平和得厉害，文章怎么能写得好呢？"

张畏岩不由得心服了，于是便向这位道人请教。

【点评】

江苏江阴的张畏岩，下功夫做学问，文章也写得很好，在读书人中小有名气。甲午年，参加南京的乡试，他借住在一个寺院中，等到揭榜，他却榜上无名，于是怒火中烧，破口大骂考官有眼无珠，以发泄心中懑闷。当时有一位道人在旁边微笑，却无端招惹了他，于是他马上又迁怒于这位道人。道人说："你的文章一定写得不好。"

张畏岩更加生气地说："你又没有见过我写的文章，怎么知道不好？"

道人说："听说做文章，贵在心平气和，现在听你这样怒骂，心情十分不平和，文章怎么能写得好呢？"做文如做人，观人言谈举止、品质性格，也能判断一个人的学问做得究竟如何。

张畏岩不由得心服了，于是便向这位道人请教。

道者曰："中全要命；命不该中，文虽工，无益也。须自己做个转变。"

张曰："既是命，如何转变？"

道者曰："造命者天，立命者我[①]。力行善事，广积阴德，何福不可求哉？"

张曰："我贫士，何能为？"

道者曰："善事阴功，皆由心造[②]。常存此心，功德无量。且如谦虚一节，并不费钱，你如何不自反而骂试官乎？"

【注释】

①立命：修身养性以奉天命。《孟子·尽心上》："夭寿不贰，终身以俟之，所以立命也。"

②心造：佛教语，谓为心所生。

【译文】

道人说："考中与否全在于命运；命里不该中的，就算是文章写得再好，也是没有用的。必须要自己做个转变。"

张畏岩问："既然是命中注定的，又怎么能够改变呢？"

道人说："造命的是上天，但立命却在我。只要努力多做善事，广积阴德，什么福报求不到呢？"

张畏岩说："我只是个贫寒的读书人，又能做些什么呢？"

道人说："善事和阴德，都是由人的内心所决定的。只要常存此善心，就会有无量的功德。况且就像谦虚的品质，并不需要花费钱财。你为什么不自我反省却大骂考官呢？"

【点评】

道人说："考中与否全在于命运，命里不该中的，就算是文章写得再好，也是没有用的。必须要自己做个转变。"古人多信奉"命由天定"。"命里有时终须有，命里无时莫强求。"对于功名等身外之物强取不得，宜采取豁达的态度。而道教认为"我命在我不在天"，人通过自身的努力和修行，可以扭转乾坤。所以这里道人就劝张畏岩要自己做个转变。

张畏岩不解地问道："既然是命中注定的，又怎么能够改变呢。"

道人说："造命的是天，而立命在我。只要努力多做善事，广积阴德，什么福泽求不到呢？"

张畏岩问："我是个贫寒的读书人，又能做些什么呢？"言下之意是，行善积德要有强大的经济基础作为后盾。殊不知，万事都是从基础做起，只要心存善念，做自己力所能及的事情，都是在积功累德。

道人又说道："善事和阴德，都是由人的内心所决定的。只要常存此善心，就会功德无量。况且谦虚这一方面，并不需要花费钱财，你为什么不自我反省却大骂考官呢？"

张由此折节自持[①]，善日加修，德日加厚。丁酉[②]，梦至一高房，得试录一册，中多缺行。问旁人，曰："此今科试录。"

问："何多缺名？"

曰："科第阴间三年一考较，须积德无咎者，方有名。如前所缺，皆系旧该中式，因新有薄行而去之者也[③]。”后指一行云：“汝三年来，持身颇慎，或当补此，幸自爱。”是科果中一百五名。

【注释】

①折节：改变从前的志向或行为。

②丁酉：指1597年。

③薄行：品行轻薄。

【译文】

张畏岩从此改变自己的态度而自我修持，每天都行善事，功德也每天在加厚。丁酉年，他梦见自己来到一座高大的房子内，看到一本考试录取的名册，中间有不少行是空缺的。就问旁边的人，旁边的人答道：“这是今年考取者的名录。”

张畏岩问：“为什么缺了许多名字？”

那人回答说：“阴间对于读书人每三年考察一次，必须是积功累德、没有过错的人才能在这个册子上列名。像册子前面所缺少的，都是原先预定应该考中的，因为新近有不端的行为，所以被除名了。”后来又指着一行说：“你这三年以来，行事谨慎，或许应当补到这里，希望你自重自爱。”这一科，他果然以第一百零五名中举。

【点评】

听到道人的指点，张畏岩从此一改往日的作风，每日行善，功德日增。丁酉年，梦见自己来到一座高大的房子内，看到一本考试录取的名册，中间有不少行是空缺的。

于是他就问旁边的人，旁边的人答道："这是今年考取者的名册。"

张畏岩又问道："为什么中间缺少许多名字？"

旁边的人答道："对于那些读书人，阴间每三年考察一次，必须是积功累德，没有过咎的人才能在这个册子上列名。像册子前面所缺少的，都是原定应该考中的，因为新近有不端行为，所以被除名了。"后来又指着一行说："你这三年以来，行事谨慎，或许应当补到这里，希望你自重自爱。"这一科，他果然考中了第一百零五名举人。

由此观之，举头三尺，决有神明；趋吉避凶，断然由我。须使我存心制行，毫不得罪天地鬼神，而虚心屈己，使天地鬼神，时时怜我，方有受福之基。彼气盈者，必非远器①，纵发亦无受用②。稍有识见之士，必不忍自狭其量，而自拒其福也。况谦则受教有地，而取善无穷，尤修业者所必不可少者也。

【注释】

①远器：远大的气度。

②受用：得益，享受。

【译文】

由此看来，抬头三尺就一定有神明存在；而修福避灾，却可以由我自己决定。我们必须有意识地管束好自己的行为，丝毫不得罪天地鬼神；而且要谦虚自抑，使天地鬼神都时时眷顾我们，我们才有受福的根基。那些气势逼人的人，必定没有远大的气度，纵然是发达了也没有什么可享受的。稍微有见识的人，必定不会忍心使自己心胸狭窄，从而拒绝自己可以得到的福报。况且，谦虚的人才有接受到教诲的机会，从而受益无穷，这尤其是修习学业的人所不可缺少的。

【点评】

由此看来，抬头三尺就有神明。中国民众的信仰是多神崇拜，神灵众多，体系庞杂，其中有自然崇拜、图腾崇拜、鬼魂崇拜、祖先崇拜以及对历史上的圣贤人物的崇拜。即使是在人身之中也有三尸神存在，传说是上帝派到人间，并寄居人身，负有监察人罪恶的司命之神。在道教中，司命也指星名，为三台星的上台虚精开德星君。

趋向吉祥或避开凶险，完全由我们自己决定。人在鬼神面前是极其卑微的，我们必须自己管束好身心，不得罪天地鬼神；谦逊卑下，使天地鬼神都时时眷顾我们，我们才有受福的根基。那些气势逼人的人，必定没有远大的气度，纵然是发达了也不会享受。稍微有见识的人，必定不会使自己心胸狭窄，从而拒绝自己可以得到的福泽。况且，谦虚的人才有接受到好的教诲的机会，从而受益无穷。这尤其是修习学业的人所不可缺少的。

古语云：“有志于功名者，必得功名；有志于富贵者，必得富贵。”人之有志，如树之有根。立定此志，须念念谦虚，尘尘方便，自然感动天地，而造福由我。

今之求登科第者，初未尝有真志，不过一时意兴耳。兴到则求，兴阑则止[1]。

【注释】

①兴阑：兴残，兴尽。

【译文】

古语说："有志向求取功名的人，就必然能得到功名；有志向求取富贵的人，就必然能得到富贵。"人有志向，就像树木有根基。立定志向之后，还必须念念不忘谦虚，处处与人方便，自然会感动天地，所以说造福全在我们自己。当今那些求取科举功名的人，起初未必有什么真的志向，不过是一时心血来潮罢了。兴致来了，就去求取；兴致散了，也就作罢。

【点评】

古语说："有志于功名者，必得功名；有志于富贵者，必得富贵。"人如果有了志向，就像树木有了根基。汉高祖刘邦到咸阳服徭役时，正逢秦始皇御驾出巡，当他见到盛大的出行场面时，便不胜感慨地说："大丈夫当如此也！"由此也激发了他对于王权的向往。有了明确的目标，后来又适逢秦末群雄竞起，逐鹿中原，借此时机，刘邦率众起义，一步步实现了自己的帝王梦。与汉高祖刘邦楚汉争霸的西楚霸王项羽年少时也是壮志满怀。有一次，项羽随叔父项梁去看秦始皇出巡的队伍，项羽指着秦始皇脱口就说："彼可取而代也。"项梁见侄儿有如此大志，也惊诧不已。

了凡先生认为立定了志向后，还必须念念不忘谦虚，处处与人方便，自然会感动天地，所以说造福全在我们自己。

了凡先生又说到当今那些求取科举功名的人，起初未必有什么真心，不过是一时心血来潮。兴致来了，就去求取，兴致散了，也就作罢了。

孟子曰："王之好乐甚，齐其庶几乎①？"予于科名亦然。

【注释】

①庶几：相近，差不多。

【译文】

孟子说："大王如果真正非常喜欢音乐，那么齐国治理得也就差不多了。"我对于科举功名也是这样看的。

【点评】

孟子说："大王如果真正喜欢音乐，那么齐国治理得也就差不多了。"这句话出自《孟子·梁惠王下》。当时齐国的臣子庄暴见到孟子，将齐宣王喜好音乐的事告诉了孟子，并询问孟子对于齐宣王喜好音乐的看法，于是孟子就说了这句话。改日，孟子见到齐宣王，又向齐宣王说了这句话，并进而使齐宣王省悟到"独乐乐"不如"与人乐乐"，"与少乐乐"不如"与众乐乐"的道理。孟子讲到，如果大王能够将国家治理得井井有条，做到与民同乐，那么就能得到民众的拥护和爱戴。百姓听到自己的大王欣赏音乐就会非常高兴，为大王能够有健康的身体和如此的闲情雅致而兴高采烈。否则，如果百姓流离失所，怨声载道，而大王仍在欣赏音乐，那么这样一定会使民怨沸腾，使百姓以为大王骄奢淫逸，不顾他们的死活。所以孟子说道，如果大王是真正的喜欢音乐，那就要与民同乐，这样就能够称王于天下了。

了凡先生借助孟子的言论，以表明自己对于科举功名的态度。以此来说明真正有志于功名的人，只要志向坚定，矢志不渝，努力进取，有朝一日，一定能够金榜题名。愚公面山而居，大山阻塞交通，出入需要迂回辗转。愚公有“移山”之志，于是和家人树立移山的坚定决心，不辞劳苦，毅力顽强，寒暑易节，勤勉不辍。最终感动上帝，派两神分别背走挡路的太行、王屋二山。愚公家门前终于畅通无阻。所以说:“天下事有难易乎？为之，则难者亦易矣；不为，则易者亦难矣。”